大学计算机基础实训指导书

DAXUE JISUANJI JICHU SHIXUN ZHIDAOSHU

主　编　赵岳松
副主编　胡明星　罗灿峰

图书在版编目(CIP)数据

大学计算机基础实训指导书/赵岳松主编，胡明星、罗灿峰副主编.—武汉：中国地质大学出版社，2010.8

ISBN 978-7-5625-2484-7

Ⅰ.大…

Ⅱ.①赵…②胡…③罗…

Ⅲ.电子计算机-高等学校-教学参考资料

Ⅳ.TP3

中国版本图书馆CIP数据核字(2010)第118085号

大学计算机基础实训指导书

赵岳松 主 编

胡明星 罗灿峰 副主编

选题策划：郭金楠 周旋　责任编辑：王凤林 周旋 胡珞兰　责任校对：张咏梅

出版发行：中国地质大学出版社(武汉市洪山区鲁磨路388号)　邮政编码：430074

电话：(027)67883511　传真：67883580　E-mail：cbb@cug.edu.cn

经　销：全国新华书店　http://www.cugp.cn

开本：787毫米×1 092毫米 1/16　字数：192千字　印张：7.5

版次：2010年8月第1版　印次：2010年8月第1次印刷

印刷：武汉珞南印务有限公司　印数：1—10 000册

ISBN 978-7-5625-2484-7　定价：16.50元

如有印装质量问题请与印刷厂联系调换

前　言

计算机进入大学课堂，并被列入大学基础类课程，一方面反映了计算机作为主要的工具被广泛使用，另一方面因为它是当今社会发展中的一个重要标志，信息社会就是以计算机技术为特征的。具有计算机应用能力是计算机应用人才的主要特征。按照高等学校非计算机专业大学生培养目标，计算机应用能力包括三个层次：操作使用能力、应用开发能力和研究创新能力。本教材以计算机操作使用能力的培养为主要目标。从技术的角度，人们把计算机作为现代智能工具来使用，但是从教育的角度，要通过计算机知识的学习和应用，培养大学生的信息素养。

在本书的编写过程中我们注意到以下方面：

在组成和结构上，能够更系统、深入地介绍计算机科学与技术的基本概念、基本原理、技术和方法。

在内容的选择上，既考虑初学计算机的学生的需要，系统地介绍办公软件的应用，又增设一些软件使用技巧，提高有一些计算机操作技术学生的学习积极性。

全书分为 8 章，内容包括：第 1 章介绍了计算机基础知识，主要内容包括计算机的发展、计算机系统的组成、信息在计算机中的表示等；第 2 章介绍了操作系统基础知识，主要内容包括操作系统的发展、种类、功能，以及 Windows XP 操作系统的使用方法，第 3 章介绍文字处理软件 Word 2003 的使用方法，主要内容包括文本的创建与编辑、页面设置和打印、Word 的排版技术、插入多媒体对象的方法、表格的创建与使用以及文档的检查和更正；第 4 章介绍电子表格处理软件 Excel 2003 的使用方法，主要内容包括 Excel 的基本操作、工作表的修饰、图表的应用、函数与公式的使用及数据管理与分析；第 5 章介绍制作演示文稿软件 PowerPoint 2003 的使用方法，主要内容包括演示文稿的创建和编辑、幻灯片的放映设置等；第 6 章介绍了 Word、Excel、PowerPoint 软件的综合应用；第 7 章介绍计算机网络的基础知识和 Internet 应用；第 8 章介绍了各种常用工具软件，主要内容包括系统工具软件的使用、压缩和通信软件的使用等。

本书由赵岳松组织编写。参与编写的主要有胡明星、罗灿峰。由于作者水平有限，时间仓促，书中定有不妥和错误之处，恳请读者批评指证。

编者

2010 年 6 月

目　录

实训一　键盘与指法练习

(一)实训要点

◆ 掌握计算机的3种启动方式并了解启动过程
◆ 认识键盘布局,熟悉键位排列,掌握键盘指法分工,严格训练键盘指法并实现盲打
◆ 掌握计算机的正确关机方法

(二)实训目的

学会正确地启动和关闭计算机,实训的重点是能够熟练地使用键盘并实现中英文输入的盲打。

(三)实训内容

1.计算机的启动

计算机的启动方式有3种:

(1)冷启动:打开电源开关,加电启动,叫冷启动。冷启动的时间较长,主机板上的BIOS要先对硬件进行测试,然后自动地启动操作系统,直到出现Windows桌面。

(2)热启动:按组合键Ctrl+Alt+Del重启电脑,或在Windows下,【开始】→【关闭计算机】→【重新启动】。热启动跳过一些硬件检查步骤,所以比冷启动要快。

(3)复位启动:按主机面板上的Reset按钮重启电脑,而不需重新开关电源。

冷启动和复位启动会清空电脑内存数据,热启动不会清空。如果要清除内存中的病毒必须用冷启动或复位启动,而不能用热启动。

操作:分别用3种方式启动计算机,并观察有何不同。

2.在Windows下关闭计算机

(1)关闭正在运行的各种应用程序。

(2)单击“开始”,选择“关闭计算机”。

(3)单击“关闭”。

(4)最后关闭电源。

注意:关机前应该先关闭各种应用程序,以防未关闭的应用程序数据丢失。在应用程序尚未关闭的情况下,直接关闭电源是一种坏习惯。

3. 键盘知识介绍

键盘分为 4 个区：主键盘区、功能键区、编辑键区和数字小键盘区，分别介绍如下。

(1)主键盘区。除字母、数字、符号键外，还有功能键：Backspace(←，退格键)、Tab(制表键)、CapsLock(大小写切换键)、Shift(上档控制键)、Ctrl(控制键)、Alt(替换键)、Enter(回车换行键)。

(2)功能键区。包括 ESC 键和 F1～F12 键，其中 F1～F12 键功能由系统或用户定义，完成特殊操作，ESC 键是取消键。

(3)编辑键区。常用的有 Insert、Delete、Home、End、PageUp、PageDown 和 4 个方向键←、↓、↑、→，此外还有 PrintScreen Sys Rq(屏幕复制键)、ScrollLock(数字锁定键)、Pause Break(暂停键)。

(4)小键盘区。位于键盘右侧，有两个作用：数字键和光标控制键，由 NumLock 键进行切换。

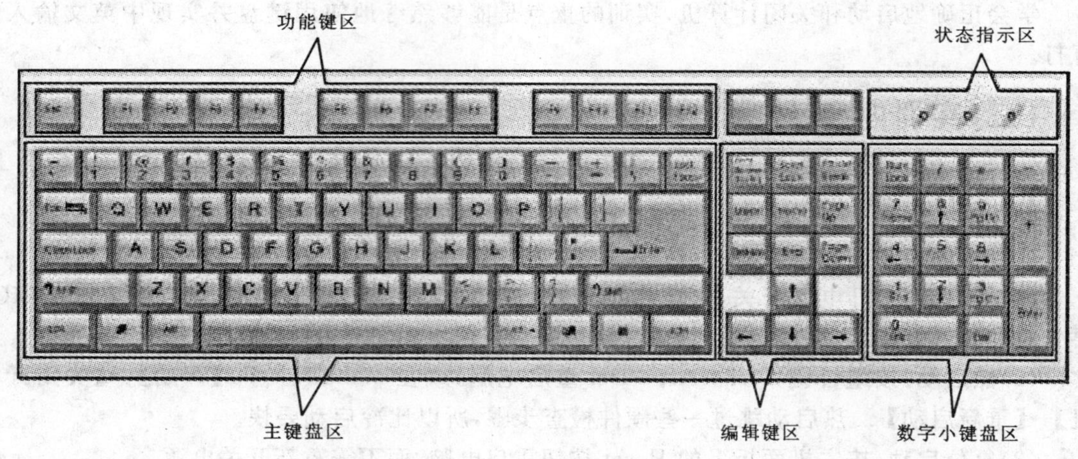

图 1-1 键盘键位图

用户使用频率最高的是主键盘区和小键盘区，下面介绍这两个区的键盘指法。

4. 键盘指法

指法练习对一个初学计算机的用户来说是非常重要的，通过指法练习，应能正确掌握键盘指法的操作，为提高输入信息的速度打好基础。

键盘指法训练要求：

1)正确的打字姿势

正确的打字姿势有助于准确、快速地将信息输入到计算机而又不容易疲劳。初学者应严格按下面要求进行训练。

(1)坐姿要端正，上身保持笔直，全身自然放松。

(2)座位高度适中，手指自然弯曲成弧形，两肘轻贴于身体两侧，与两前臂成直线。

(3)手腕悬起,手指指肚要轻轻放在字键的正中面上,两手拇指悬空放在空格键上。此时的手腕和手掌都不能触及键盘或机桌的任何部位。

(4)眼睛看着稿件,不要看键盘,身体其他部位不要接触工作台和键盘。

(5)击键要迅速,节奏要均匀,利用手指的弹性轻轻地击打字键。

(6)击打完毕,手指应迅速缩回原键盘规定的键位上。

注意:击键时手指要用"敲击"的方法去轻轻地击打字键,击完即缩回。

2)键盘指法分区

键盘指法分区如图 1-2 所示,它们被分配在两手的 10 个手指上。初学者应严格按照指法分区的规定敲击键盘,每个手指均有各自负责的上下键位,这里不适合"互相帮助"的原则。

图 1-2 键盘指法分区

3)键盘指法分工

键盘第三排上的 A、S、D、F、J、K、L、;共 8 个键位为基准键位,如图 1-3 所示。其中,在 F、J 两个键位上均有一个突起的短横条,用左右手的两个食指可触摸这两个键以确定其他手指的键位。

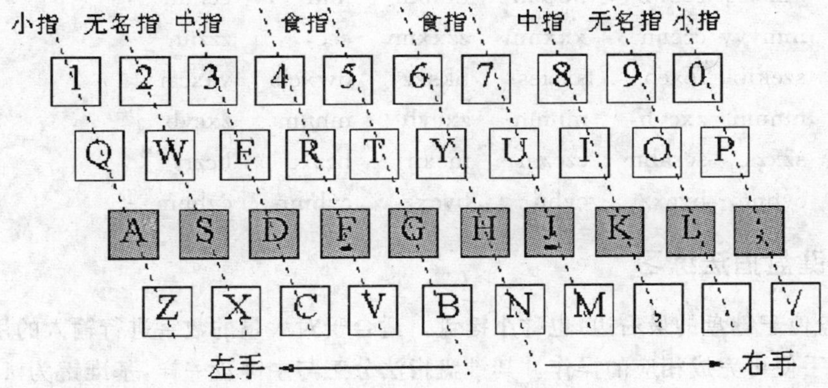

图 1-3 基准键位置

4)指法练习注意事项

(1)按键时尽量不看键盘,应注意文稿或屏幕,这称为盲打。开始时会很困难,慢慢习惯,只有实现了盲打,才能做到快速的键盘输入。

(2)坚持使用 10 个手指同时操作,各个手指严格遵守“分工负责”的规定,任何“协助”、“互助”只会造成混乱,切忌只用一只手或一个手指按键。

5)按键练习

(1)A、S、D、F、G、H、J、K、L、;键练习。

assss	dfff	ffggg	hhhjj	jjkkk	kkllll	gghh	hhhjj
ggfff	sss	kkkaa	llddd	jjjfff	ddhhh	aaakk	kkkaa
glads	jakh	saggh	hsklg	ghjgf	gfdsa	ghjgf	gfdsa
hgkh	lkjh	asdfg	lkjh	gfdsa	hjkl;	hjkl;	lkjh
gfdsa	hjkl;	gfdsa	hjkl;	gfdsa	hjkl;	fgf	hjkl;
fjhjfg	jhgf	fghj	fgfg	hjhj	hadfs	fghfj	fghj

(2)Q、W 、E、R、T、Y、U、I、O、P 键练习。

owpqe	wwqqo	ppoow	ooqqp	wwqqo	powqp	oowqp	opwqw
owpqe	wwqqo	ppoow	ooqqp	wwqqo	powqp	oowqp	opwqw
qpqpw	wwwqo	pppww	ppqqp	qqwqq	ppqqp	wqwqp	qqppp
otyqe	wuoqq	ppterw	oybrq	eywqq	pothq	eodqp	efwtw
ppooo	oooiii	iiiuuu	uuyy	yytttt	rrreee	wwqq	PPyy
uurree	ooww	rriioo	wwo	qqppp	rruuoo	ppyyrr	qquu
dedr	kikt	edey	ikiu	diei	deio	iep	diei
qwert	poiuy	qwert	poiuy	qwert	poiuy	ert	pouuy
keiq	iede	eikw	deik	kied	feded	jikij	ppkij
delielie	aile	drfr	yjyu	tftyy	qquju	edey	yjpup

(3)V、B、N、M、Z、X、C 键练习。

zzxxx	xxxccc	ccbbb	bbbnn	nnmm	mm,,,,	ccnnn
mmbb	mmvvv	cccnn	xxxnn	zzxxnn	ccc,,,	zzznn
dpzsc	szekjb	fcxeos	sxcies	hksxz	dwxcis	vaxcai
zxcvb	mnmn	zxcvb	mnmn	zxcvb	mnnm	zxcvb
zxsscx	azxzs	scsabn	czczln	mcxn	bczxd	hczrj
bvcxz	cvbnm	bvcxz	cvbn	bvcxz	cvbnm	cvbnm

5. 数字键盘指法练习

数字键盘位于键盘的最右边,也称小键盘。适合于对大量的数字进行输入的用户,其操作简单,只用右手便可完成相应的操作。其键盘指法分工与主键盘一样,基准键为 4、5、6。其指法分工如图 1-4 所示。

数字指法练习如下:

1040　4047　4047　1404　7407　4107　1044　0477　0477

0369　6936　9630　6963　9630　0963　9660　6093　3906
4565　5456　5464　4564　5464　4564　5464　5566　4664
9633　3996　3960　3693　3696　3696　3690　3969　3690
1407　1470　7410　1407　0147　0477　0701　4140　1070
8585　0028　0850　2580　2852　0588　0585　0588　2580
4455　4554　4555　6655　4666　4664　5565　5655　5656
2580　0588　8500　2085　5280　8508　0058　0580　0080
8505　5882　2058　2208　2585　0258　2258　0588　0582
9699　6963　0696　0639　9660　3993　0369　3993　3639

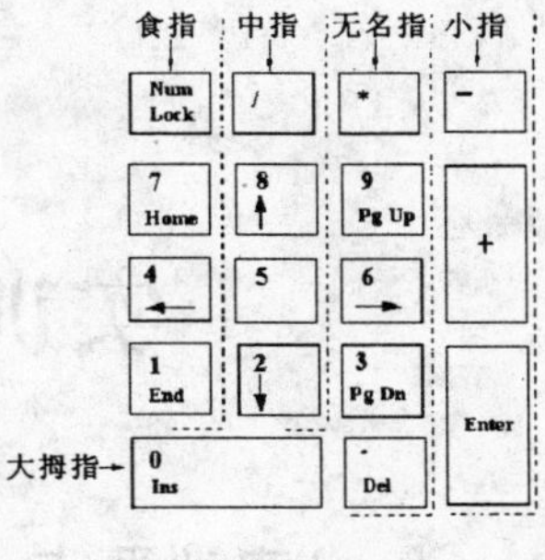

图 1-4　数字键盘

6. 指法训练软件

指法练习时最好采用训练软件。它针对用户水平制定个性化的练习课程，循序渐进，轻松练习不枯燥，助您从零开始逐步成为打字高手。提供英文、拼音、五笔、数字符号等多种输入练习，使指法得到充分的训练。如金山打字通 2010 等，可在网络上免费下载。

（四）上机实习

实习 1　练习 A、S、D、F、J、K、L、;共 8 个基准键。

实习 2　练习 Q、W、E、R、T、Y、U、I、O、P 键。

实习 3　练习 V、B、N、M、Z、X、C 键。

实习 4　混合练习 26 个英文字母键。

实习 5　小键盘练习。

实习 6　下载并安装金山打字通 2010 免费版，逐课练习。

实训二 Internet 的初步使用

(一)实训要点

◆ 学会使用 IE 浏览器去 WWW 上冲浪,搜集各种有用的信息
◆ 掌握 E-mail 的使用方法,建立自己的永久电子信箱
◆ 学会使用搜索引擎,在 Internet 上获取新的知识

(二)实训目的

学会 Internet 的基本使用方法,使互联网成为同学们终身的好老师、好助手、好伙伴,为同学们的全面发展提供一个强有力的武器。

(三)实训内容

1. WWW 浏览

Internet 将位于世界各地的信息资源(它存放于各地网站的服务器中)编织在一起,形如“蜘蛛网”,而信息资源如同海洋,我们称它为万维网 WWW(world wide web,简称 Web)。用户利用浏览器就可在信息海洋中冲浪遨游,获取所想要的信息。浏览器的种类有许多,而多数用户使用微软的 IE 浏览器。

1)使用 IE 浏览网页

步骤 1:执行【开始】菜单【程序】子菜单中的【Internet Explorer】命令或者双击桌面上的【Internet Explorer】图标,启动 IE 浏览器,IE 自动连接到默认主页。

步骤 2:在地址栏中输入“http://www.whmc.edu.cn/”并按回车键,浏览器窗口将打开“华中师范大学武汉传媒学院”的首页,如图 2-1 所示。单击首页上的“学院概况”、“师资队伍”、“院系专业”等超级链接,将打开相应的网页浏览其内容,同时,注意地址栏的变化。通过单击工具栏上的【前进】和【后退】按钮在访问过的页面之间进行跳转。

网页由标题栏、菜单栏、标准工具栏、地址栏、浏览栏、浏览工作窗口和状态栏组成。标题栏位于页面顶部,显示当前页面的标题或页面的文件名称。最右端有“最小化”、“最大化/还原”和“关闭”3 个按钮。最左边有“控制菜单图标”,单击该图标,将弹出系统下拉菜单;双击该图标,将关闭此窗口。单击标题栏的任何地方并按住鼠标左键,就可以拖动整个窗口移动。

菜单栏列出了 IE 的 6 个菜单,它们是“文件”、“编辑”、“查看”、“收藏”、“工具”和“帮助”,在这些主菜单中,几乎列出了 IE 的所有命令。

工具栏用于网页浏览的各种按钮和其他工具。

地址栏是用户输入浏览站点地址的地方(URL 地址),按 Enter 键或“转到”按钮,便可浏

图 2-1 IE 浏览器窗口

览该站点。

浏览栏:如果单击工具栏上的"搜索"、"收藏"以及"历史"等按钮时,窗口左边就会显示一个单独的浏览栏,并显示相应按钮的内容。

浏览工作窗口占据了窗口的大部分空间,用于显示当前打开的网页内容。

状态栏在 IE 窗口底部,用于显示关于 IE 当前状态的一些有用信息。

2)收藏喜欢的网站

步骤 1:启动 IE 浏览器,在地址栏中输入"http://www.sina.com.cn/"并按回车键,浏览器窗口将打开"新浪网"的首页,如图 2-2 所示。

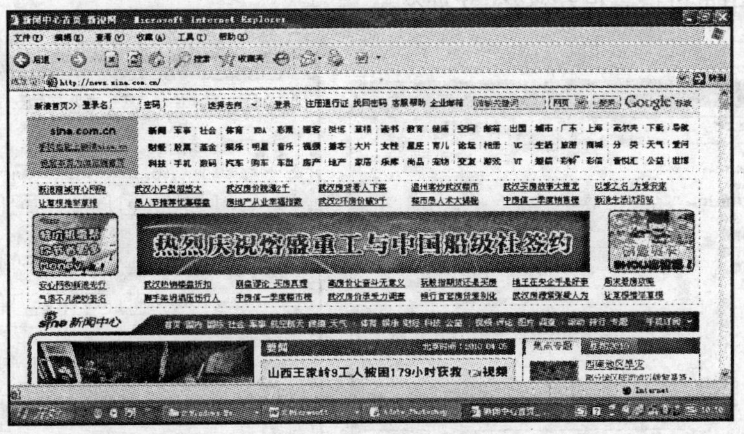

图 2-2 新浪网的首页

步骤 2:执行【收藏】|【添加到收藏夹】命令,弹出【添加到收藏夹】对话框,在【名称】文本框中可以修改其名称,如图 2-3 所示,单击【确定】按钮,该网页即被保存到收藏夹中。如果下次要访问"新浪网"的首页,就可以单击【收藏】菜单,在弹出的下拉菜单中选择"新浪网技首页",就可以进入该网站。

图 2-3　添加到收藏夹

3)保存网页中需要的内容

步骤 1:启动 IE 浏览器,打开“新浪网”的主页。

步骤 2:执行【文件】|【另存为】命令,弹出【保存网页】对话框,在该对话框中可以根据需求设置保存的位置、文件名、保存类型等,如图 2-4 所示。单击【保存】按钮,该网页的内容就被保存到本地磁盘中了。

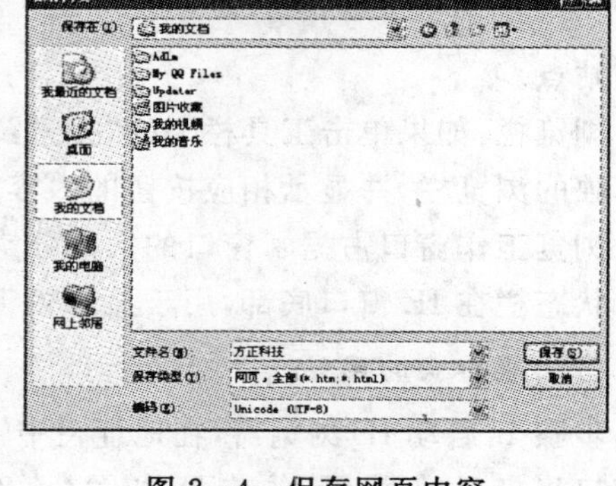

图 2-4　保存网页内容

步骤 3:在“新浪网”的主页顶部图片上单击鼠标右键,在弹出的快捷菜单中选择【图片另存为】命令,弹出如图 2-5 所示的【保存图片】对话框,在该对话框中可以设置保存路径、文件名等。

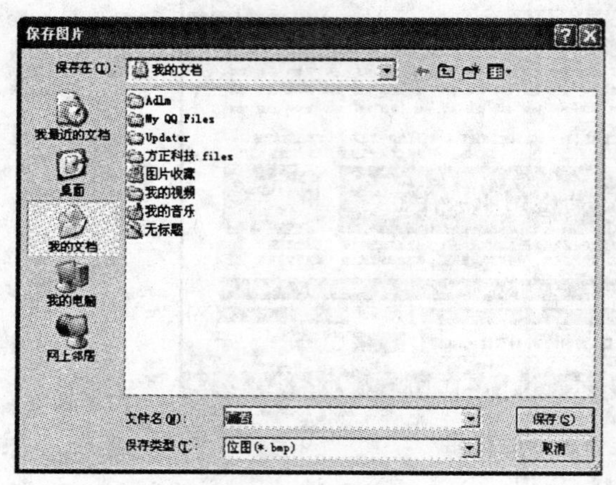

图 2-5　保存网页中的图片

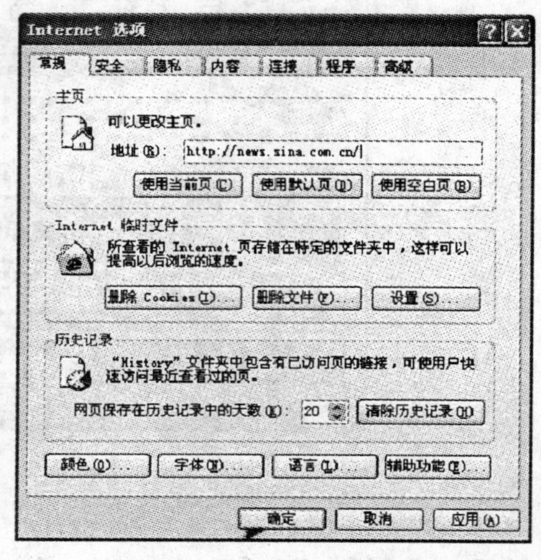

图 2-6　设置 IE 浏览器

4)IE 浏览器的设置

(1)设置浏览的起始网页。起始网页(又称主页)是指启动 IE 时自动显示的 Web 页,可以将一个访问最频繁的站点设为起始网页。起始网页的设置方法是:在 IE 中打开所选页;点击“工具”菜单中的“Internet 选项”,弹出【Internet 选项】对话框;单击“常规”标签,在“主页”区域单击【使用当前页】按钮,如图 2-7 所示。

图 2-7 设置浏览的起始网页

(2)“历史记录”的设置。一定时间内曾访问过的 Web 页,保存在本地硬盘的 History 文件夹中,叫做“历史记录”。Web 页的期限是固定的,默认为 7 天,可自行设置“历史记录”的期限。

(3)浏览安全设置。为了上网安全和用机安全,应对浏览器进行安全设置,建议设置较高的安全级别。

选择“工具”菜单的“Internet 选项”,在弹出的【Internet 选项】对话框中选择“安全”选项卡。如果想使用推荐的设置来设置安全级别,就单击对话框中的【默认级别】按钮。如果想自定义安全级别,就单击对话框中的“自定义级别”按钮,再在出现的【安全设置】对话框中自行进行设置,如图 2-8 所示。

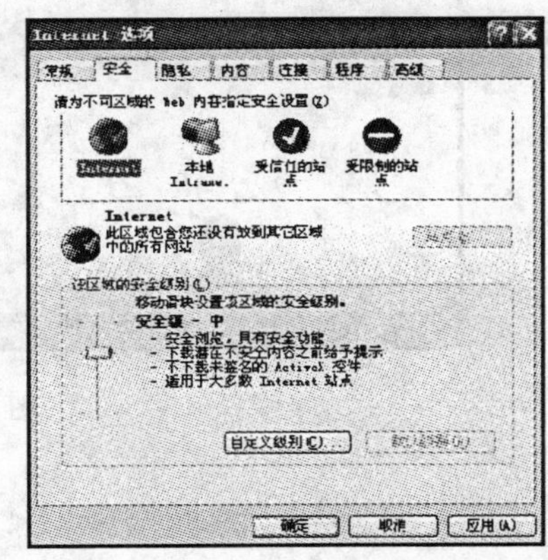

图 2-8 浏览器的安全设置

5)网页的浏览

可以用如下 4 种方法进行:

(1)在地址工具栏中输入网页地址 URL 来访问网页。

(2)利用网页中的“超链接”来浏览站点或网页。

(3)从“收藏”菜单中选择网页来访问。

(4)通过“历史记录”列表访问网页。

6)上机练习

用4种方法分别去浏览网页;练习设置主页;设置浏览器安全;学会使用收藏夹等。

2. 电子邮件 E-mail

电子邮件 E-mail 是 Internet 上使用最频繁、最受欢迎的一种服务。特点是传递迅速、使用简便、经济高效、功能多样、灵活可靠。与邮政地址比较,个人 E-mail 的地址不随主人的迁徙而改变,可以终身不变。

Internet 用户应有一个或几个 E-mail 地址,这样才能收到来自世界各地任何地方的多媒体邮件(指除普通文本以外,邮件中还可附带声音、图片、视频等多媒体信息)。

电子邮件地址格式:用户名@电子邮件服务器的域名,例:xxxxxx@163.com。其中“@”(念 at)为分隔符,左为登录名(用户账号,入网所取名字,信箱名),右边为所建信箱的邮件服务器的域名。

下面以国内最早、目前也是最多用户的 E-mail 服务提供商——网易为例来建自己的信箱。先登录网易主页 http://www.163.com/,点击“163 信箱”,如图 2-9 所示。点击“立即注册”,进入“注册新用户”网页,依此填写个人的信息,提交后完成注册。此时网易邮箱回复你:恭喜您注册成功!

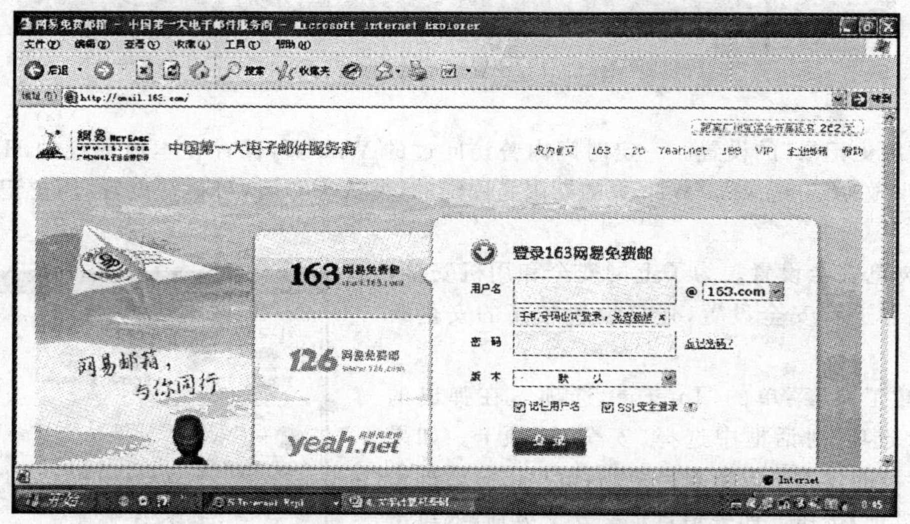

图 2-9 注册网易免费邮

1)写信

点击“写信”,进入写信网页,如图 2-10 所示。在“收件人”空白框中填写对方的 E-mail 地址,在“主题”框中写入信件的主题意义(可不填),然后在“内容”框中写信件的全文。随信件还可将各种文件(如文档资料、视频、图片、音乐等)以附件的方式发向对方。50M 以下的用普通附件,50M～2G 的用超大附件。检查无误后,点击“发送”按钮,网易免费邮会反馈“发送成功”的信息。

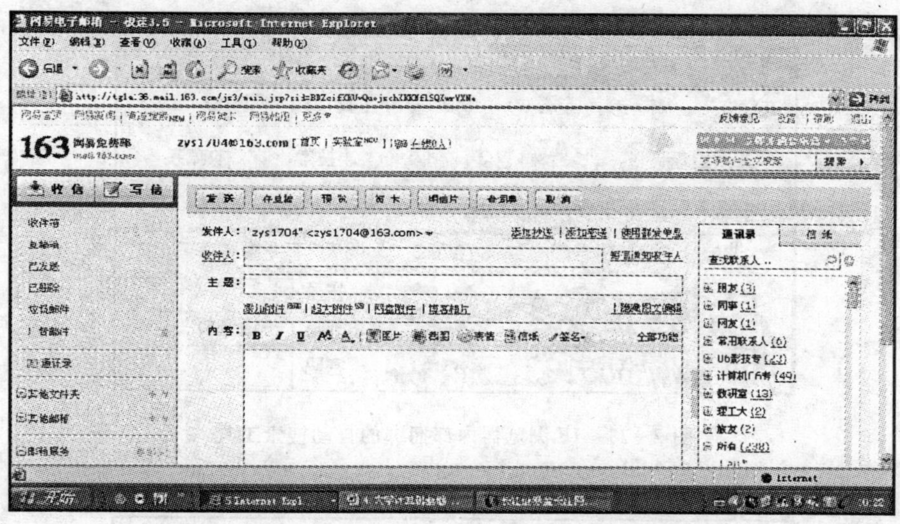

图 2-10　写信和发送信件

2)接收信件

点击“收信”按钮，出现“收件箱”页面，上面罗列了已收到的一系列信件，其中尚未阅读的信件以黑体字出现，已阅读过的信件以普通字体出现。点击想读的信件的任意项，就能打开此信件。若有附件的话，可点击“附件”，将其保存到硬盘中。

3)删除信件

已无保留价值的信件可以删除掉，节约信箱的空间。先对欲删除信件的标志打勾，然后点击“删除”按钮，就可删除无用的信件。

4)管理好通讯录

当通讯录中的联系人太多时，应该将其分组管理，通讯时便于快速寻找联系人的地址，也可以轻松地一次向多人发送电子邮件。目前因为竞争的原因，各个互联网的门户网站的 E-mail 又增加了许多服务功能，同学们可以自己去体验。

3. 信息搜索

从 Internet 上查询所需的确切资讯，有如下许多方法：

1)IE 浏览器内部捆绑的自动搜索工具

地址栏中直接输入单词或短语(例如:武汉传媒学院)，按回车键，如图 2-11 所示。

2)门户网站自带的自动搜索工具

例如，腾讯网 www. qq. com。在“Sogou 搜狗”的对话框中输入“计算机专业发展趋势”，点击【网页】按钮，即可得到有关的网页的条目，检索需要的条目即可，如图 2-12 所示。

搜狐 www. sohu. com 网站的“Sogou 搜狗”亦是，如图 2-13 所示。

3)使用浏览器自带的搜索引擎

单击工具栏上的“搜索”按钮，启动浏览器自带的搜索引擎，在搜索框中输入单词或短语，

图 2-11 IE 浏览器内部捆绑的自动搜索工具

图 2-12 腾讯网站自带的 SOSO 搜搜

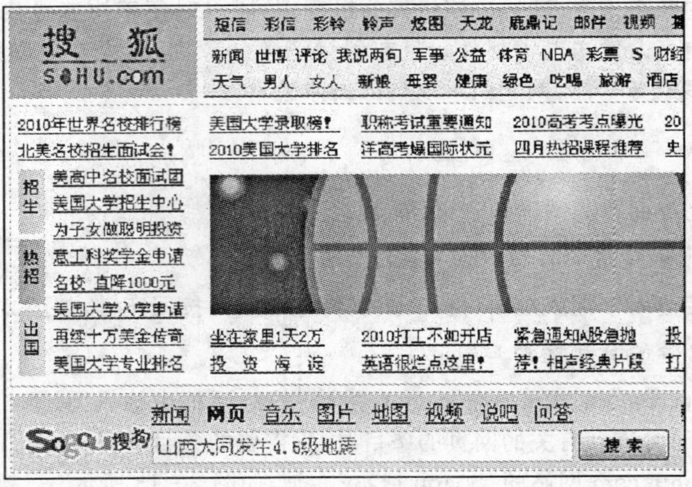

图 2-13 搜狐网站的“Sogou 搜狗”

再单击"搜索"按钮，即可搜索，如图 2 - 14 所示。

图 2 - 14　工具栏【搜索】启动浏览器自带的搜索引擎

4)使用专门的搜索引擎

例如，"www. baidu. com"，图 2 - 15 所示。百度是中国互联网用户最常用的搜索引擎，每天完成上亿次搜索；也是全球最大的中文搜索引擎，可查询数十亿中文网页。

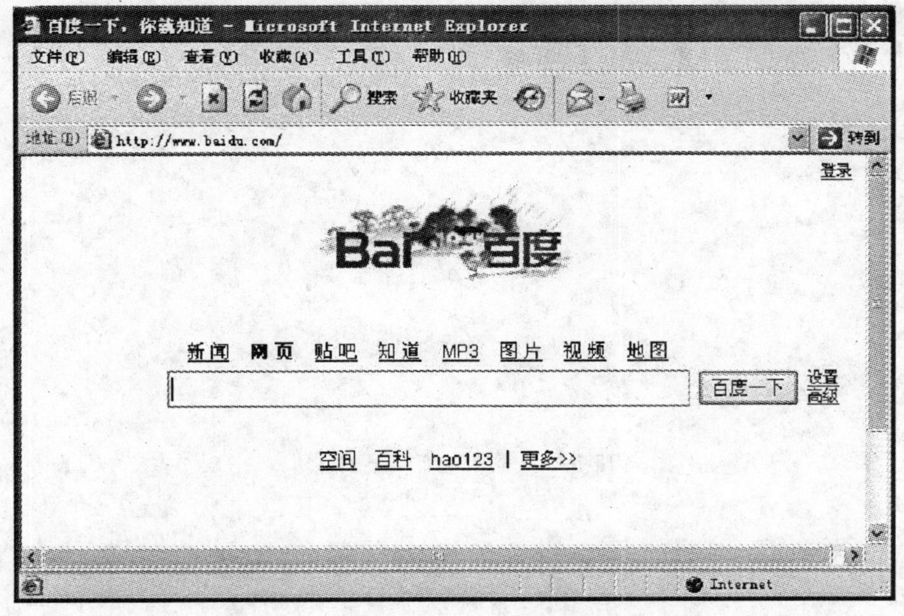

图 2 - 15　搜索引擎"百度"的主页

(1)简单搜索。在搜索框内输入需要查询的内容，敲回车键，或者鼠标点击搜索框右侧的【百度一下】按钮，就可以得到最符合查询需求的网页内容。

(2)使用多个词语搜索。输入多个词语搜索(不同字词之间用一个空格隔开),可以获得更精确的搜索结果。例如:想了解上海人民公园的相关信息,在搜索框中输入【上海　人民公园】获得的搜索效果会比输入【人民公园】得到的结果更好。

(3)百度快照。每个未被禁止搜索的网页,在百度上都会自动生成临时缓存页面,称为“百度快照”。当您遇到网站服务器暂时故障或网络传输堵塞时,可以通过“快照”快速浏览页面文本内容。百度快照只会临时缓存网页的文本内容,所以那些图片、音乐等非文本信息仍存储于原网页。

(4)相关搜索。有时候因为选择的查询词不是很妥当,您可以通过参考其他用户是如何搜索的,来获得一些启发。百度的“相关搜索”,就是和您的搜索很相似的一系列查询词。百度相关搜索排布在搜索结果页的下方,按搜索热门度排序。

实训三 Windows XP 的使用

(一)实训要点

- ◆ 掌握 Windows XP 的基本操作
- ◆ 掌握 Windows XP 的文件管理
- ◆ 掌握 Windows XP 系统的常规设置

(二)实训目的

学会 Windows XP 的基本使用方法，为熟练使用个人计算机打下坚实的基础，为后续课程办公软件 Office 的使用做好准备。

(三)实训内容

1. Windows XP 的基本操作

1)*启动* Windows XP

按下主机电源开关【Power】，计算机进入自检阶段。

在进入如图 3-1 所示的用户登录界面后，在“密码”输入框中输入正确的密码，然后单击➡按钮或按回车键即可进入系统。

图 3-1 用户登录界面

2)*练习使用鼠标*

(1)用鼠标拖动桌面上的某个图标到其他位置。

将鼠标移动到【我的文档】图标上，按下左键拖动图标到新位置，完成后松开鼠标即可。

(2)用鼠标右键打开桌面上的某些图标的快捷菜单，并观察其中包含的命令是否相同。

将鼠标分别指向【网上邻居】和【我的文档】图标，然后在图标上单击鼠标右键，弹出相应的快捷菜单，如图 3-2 所示，可见它们包含的命令是不同的。

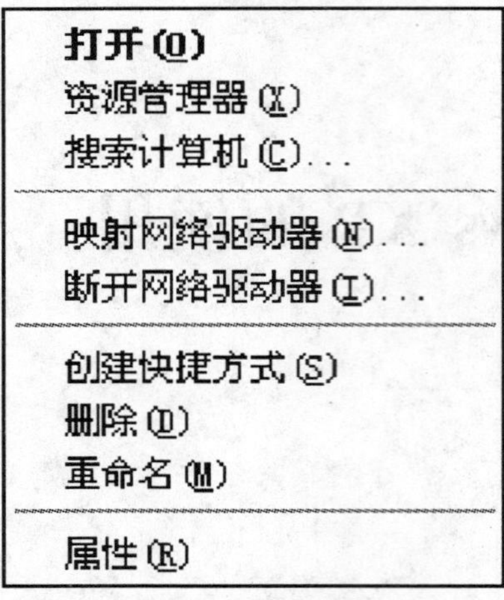

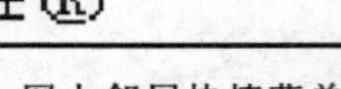
网上邻居快捷菜单

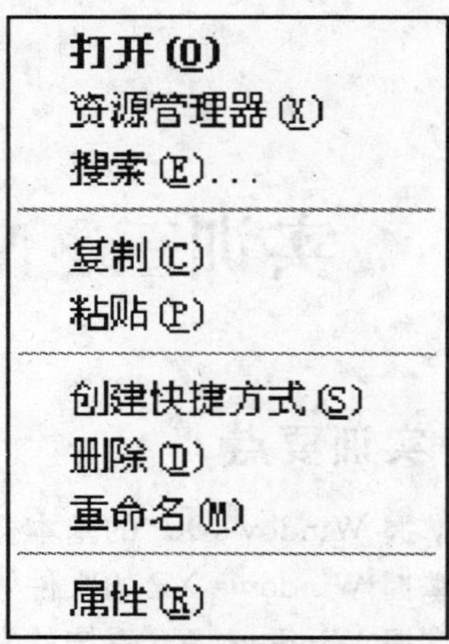

我的文档快捷菜单

图 3-2　快捷菜单的比较

(3)用鼠标查看计算机中的几个盘符。

双击桌面上的【我的电脑】图标，打开如图 3-3 所示的窗口，这时就可以看到计算机中包含 C:、D:、E:、F:、G:5 个驱动器，其中 C:、D:和 E:3 个是逻辑驱动器，H:是光盘驱动器，G:是可移动存储器 U 盘。

(4)将桌面上的图标按照“类型”排列。

步骤：在桌面的空白位置单击鼠标右键，在弹出的快捷菜单中选择“排列图标”下的“类型”命令，如图 3-4 所示，桌面上的图标就会自动按类型排列。

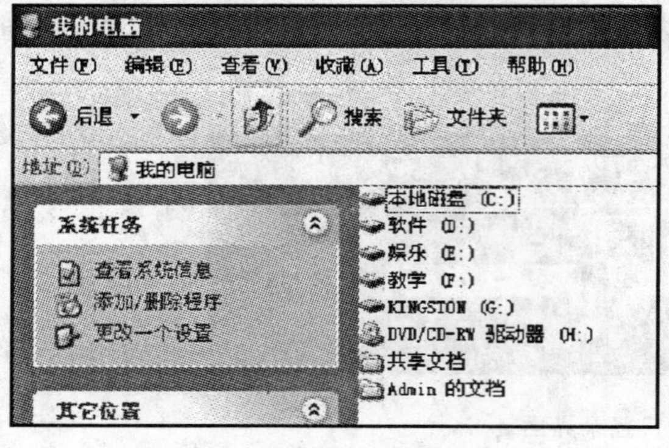

图 3-3　查看磁盘驱动器

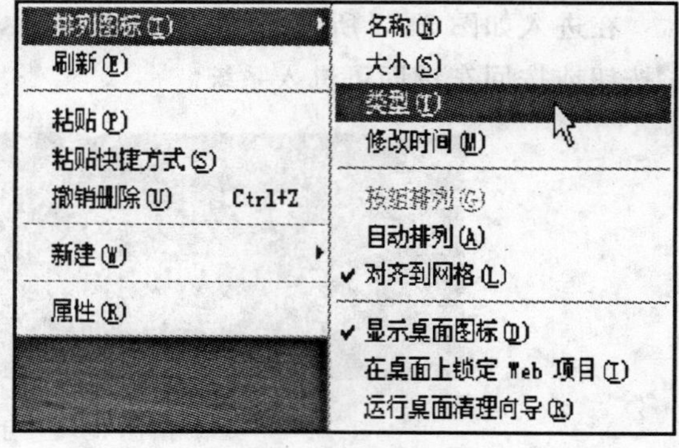

图 3-4　设置图标按类型排列

3)运行应用程序

双击桌面上的图标或者执行【开始】菜单中【程序】下的子菜单即可。

4)窗口的基本操作

(1)切换窗口。单击窗口上任意可见的地方，该窗口就会成为当前活动窗口，另外也可以使用组合键 Alt+Tab 或 Alt+Esc 进行切换。

(2)移动窗口。将鼠标指向窗口的标题栏,注意不要指向左边的控制菜单或右边的按钮,按住左键,然后拖动标题栏到需要的位置即可。

(3)最大化、最小化和还原窗口。单击窗口右上角的最大化按钮,窗口便最大化显示并占据整个桌面,这时最大化按钮为还原按钮。

单击窗口右上角的还原按钮,或者双击该窗口的标题栏,窗口就还原为最大化前的大小和位置。

单击窗口右上角的最小化按钮,窗口就最小化为任务栏上的按钮。

单击任务栏上要还原的窗口的图标,窗口便还原为最小化前的大小和位置。

(4)调整窗口大小。指向窗口的边框或窗口角,待鼠标发生变化后,按住左键,拖动窗口的边框或角到指定位置即可。

(5)排列窗口。用鼠标右键单击任务栏上的空白处,然后在弹出的快捷菜单中分别执行【层叠窗口】、【横向平铺窗口】、【纵向平铺窗口】命令,并观察各个窗口的位置关系变化情况。

(6)关闭窗口。

方法一:单击窗口右上角的关闭按钮。

方法二:按 Alt+F4 组合键。

方法三:执行【文件】|【关闭】命令。

方法四:双击窗口左上角的控制菜单按钮,如【我的电脑】的按制菜单按钮。

5)设置任务栏和开始菜单

(1)观察任务栏。观察【开始】菜单中各个菜单项和任务栏右边的"时钟"。

(2)调整任务栏的位置及大小。将鼠标指向任务栏的上边,待鼠标变为上下双箭头后,拖动鼠标可以调整任务栏的高度。将鼠标指向任务栏的空白处,将任务栏拖动到桌面的左侧,然后再将任务栏拖动到原位置。

(3)隐藏任务栏。用鼠标右键单击任务栏空白位置,执行快捷菜单中的【属性】命令,或者执行【开始】|【设置】|【任务栏和开始菜单】命令,在弹出的【任务栏和开始菜单属性】对话框中,选择【自动隐藏】复选框,并取消【显示时钟】复选框,然后单击【确定】按钮,观察任务栏的变化。

(4)清除访问记录。在【任务栏和开始菜单属性】对话框中,切换到【开始菜单】选项卡,然后单击【自定义】按钮,接着若单击【清除】按钮,可以删除最近访问过的文档、程序和 Web 程序记录。

2. Windows 的文件管理

1)新建文件和文件夹

双击桌面上的【我的电脑】图标,打开【我的电脑】窗口,双击 D 盘图标,在窗口的右边会显示出 D 盘根目录下所有的文件和文件夹。

在右侧窗格的空白位置处单击鼠标右键,在弹出的快捷菜单中选择【新建】|【文件夹】命令,出现"新建文件夹"图标,然后将文件夹以自己的姓名命名,例如"王二"。

双击刚才新建的文件夹,在该文件夹内再次新建 3 个子文件夹,分别命令为"d1"、"d2"和"d3"。

双击打开名为"d2"的文件夹,在其中新建 3 个不同类型的文件,分别是文本文件 a1. txt、

Word 文档文件 a2. doc 和位图图像文件 a3. bmp。

将屏幕上的所有窗口都最小化，按 Print Screen 键对当前桌面进行全屏抓图，双击位图图像文件“a3. bmp”，打开该文件，按 Ctrl＋V 组合键将其粘贴到图像文件 a3. bmp 中，保存该文件并关闭。

2)资源管理器的使用

用鼠标右键单击桌面上的【我的电脑】图标，在弹出的快捷菜单中选择【资源管理器】命令，在打开的【资源管理器】窗口中，单击左侧 D 盘驱动器左侧的“＋”，展开 D 盘根目录文件夹，单击名为“王二”的文件夹，再单击名为“d2”的文件夹，在右侧窗格选择文件 a1. txt，按住 Ctrl 键的同时单击 a2. doc，按住 Ctrl 键的同时将这两个文件拖动到左侧窗格的“d3”文件夹中。

在【资源管理器】窗口的左侧窗格中，选择“d3”文件夹，在右侧窗格中选择文件 a1. txt，两次单击图标下方反白显示的文件名，输入“clock. htm”，然后用相同的方法将 a2. doc 重新命名为“工作计划. doc”。

将“d3”文件夹中“工作计划. doc”文件移到 d1 文件夹中。

删除“d2”文件夹中的文件 a1. txt 和 a2. bmp。

3)设置文件和文件夹的属性

打开“d1”文件夹，选择“工作计划. doc”文件并单击鼠标右键，在弹出的快捷菜单选择【属性】命令，弹出【属性】对话框，选中【只读】复选框，然后单击【确定】按钮。

打开“d3”文件夹，选择“clock. htm”文件，单击鼠标右键，在弹出的快捷菜单中选择【属性】命令，弹出【属性】对话框，选中【隐藏】复选框，单击【确定】按钮。

在【资源管理器】窗口中，执行【工具】|【文件夹选项】命令，弹出【文件夹选项】对话框，在【查看】选项卡中，选择【高级设置】列表中的【不显示隐藏的文件和文件夹】，单击【确定】按钮，设置为“隐藏”属性的文件和文件夹就被隐藏了。

4)搜索文件和文件夹

步骤：搜索 C:\Windows 目录下字节数小于 100KB 的 gif 后缀图像文件，并将搜索到的文件复制到 D 盘个人文件夹下的“d1”文件夹中。

3. Windows XP 系统设置

1)创建快捷方式

在桌面的空白处单击鼠标右键，在弹出的快捷菜单中选择【新建】|【快捷方式】命令，弹出【创建快捷方式】对话框，单击【浏览】按钮，将弹出【浏览文件夹】对话框，在文件夹树状结构中找到“Authorware 7. exe”，单击【下一步】按钮，弹出【选择程序标题】对话框，单击【完成】按钮，这样就在桌面上创建了多媒体创作软件 Authorware 7. exe 的快捷方式。

2)设置显示属性

在桌面的空白处单击鼠标右键，在弹出的快捷菜单中选择【属性】命令，弹出【显示属性】对话框。

切换到【桌面】选项卡中，选择墙纸列表框中的图案为“Bliss”，并设置图片的位置(P)为【拉伸】。

切换到【屏幕保护程序】选项卡中，单击【屏幕保护程序】下拉列表，选择【贝塞尔曲线】，单击【设置】按钮，弹出【贝塞尔曲线屏幕保护程序设置】对话框，选择贝塞尔曲线的个数及速度，并设置等待时间为 10 分钟。

切换到【设置】选项卡中，用鼠标拖动【屏幕区域】的滑块，设置屏幕的分辨率为 1024×768 像素。设置【颜色质量】为【最高】。

3)设置系统时间

双击任务栏上的时间图标，弹出【日期和时间属性】对话框，在【时区】选项卡中，选择“北京”，在【时间和日期】选项卡中，可以调节年、月、星期和时钟，最后单击【确定】按钮。在【Internet 时间】选项卡中，选择“自动与 Internet 时间服务器同步”，只要计算机连接在 Internet，那么本机时钟会定时地与 Internet 时间服务器校准。

4)查看及整理磁盘

双击桌面上的【我的电脑】图标，选择 E 盘驱动器图标并单击鼠标右键，在弹出的快捷菜单中选择【属性】命令，接着弹出【本地磁盘(E:)属性】对话框，在【常规】选项卡中，可以查看 E 盘已用空间和可用空间。

执行【开始】|【程序】|【附件】|【系统工具】|【磁盘碎片整理程序】命令，弹出【磁盘碎片整理程序】对话框，选择需要整理的磁盘如 D 盘，然后单击【碎片整理】按钮，就开始对 D 盘进行碎片整理了。

5)连接打印机并安装驱动程序

(1)在计算机关闭的状态下，把打印机的数据线与主机相应的接口相连接。

(2)连接好打印机的电源线，然后打开打印机的电源，并启动计算机。

(3)按向导的提示或者从【开始】菜单的【打印机和传真】进行驱动程序的安装。

(4)进行打印测试。

实训四 Word 2003 的使用

一、文档的基本操作

(一)实训要点

- ◆ 启动和退出 Word 2003
- ◆ 熟悉 Word 2003 的工作界面和工具栏的使用
- ◆ 新建、打开、保存文档
- ◆ 文本、符号和时间等的输入
- ◆ 文档加密

(二)实例目的

通过本实训,要求掌握 Word 2003 的基本操作,熟悉工作界面和工具栏,能够熟练进行文本与符号等的输入与修改,掌握给文档加密的方法。

(三)实训内容

这个实例是某个商场的一个促销活动的启事,最终的效果如图 4-1 所示。

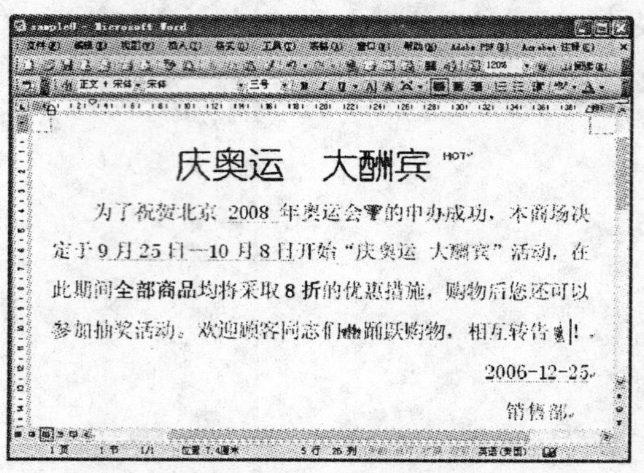

图 4-1　实例的最终效果

1. 创建新文档

步骤 1:双击桌面上 Word 2003 的快捷方式图标,或者单击【开始】|【程序】|【Microsoft Office】|【Microsoft OfficeWord 2003】命令,启动 Word 2003。

步骤 2：执行【文件】|【另存为】命令，弹出【另存为】对话框，在【文件名】输入框中输入“sample0”，然后单击【保存】按钮。

2. 输入标题

在光标停留处输入“庆奥运 大酬宾”，如图 4-2 所示。

3. 设置标题格式

选中标题文字后，在工具栏的【字体】下拉列表框中选择“幼圆”，再在【字号】下拉框中设置字号大小为“28”，然后单击【居中对齐】按钮，使标题居中，效果如图 4-3 所示。

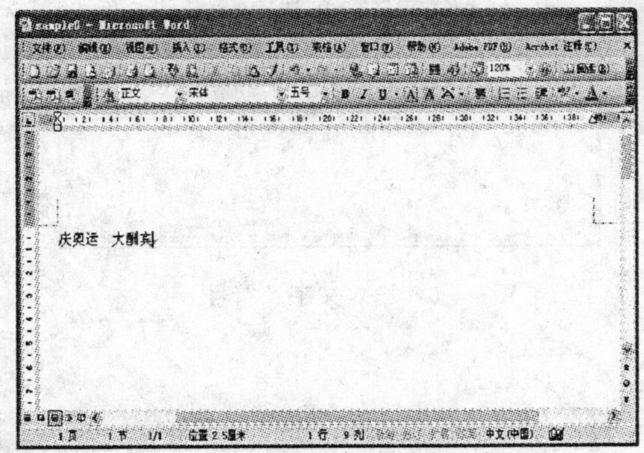

图 4-2 输入标题

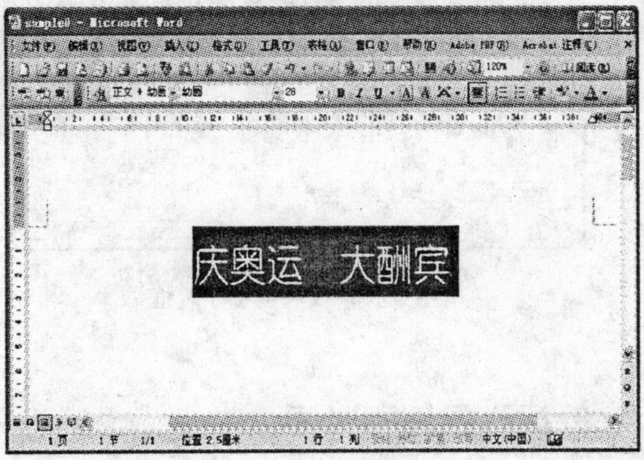

图 4-3 设置标题格式

4. 输入“HOT”

在标题的末尾输入一个空格，然后输入“HOT”并选中它，再将字体设置为“Verdana”，字号设置为“小四”，并单击【加粗】按钮，使文字加粗显示，最后将字体颜色设置成红色。

5. 设置字体格式

步骤 1：单击【格式】|【字体】命令，弹出【字体】对话框。

步骤 2：选中【字体】选项卡的【效果】栏中的【上标】复选框，再单击【字符间距】选项卡，在【位置】下拉列表框中选择“提升”，最后将【磅值】设置为“14”，如图 4-4 所示。在下面的预览栏中，可以看到设置后的效果。

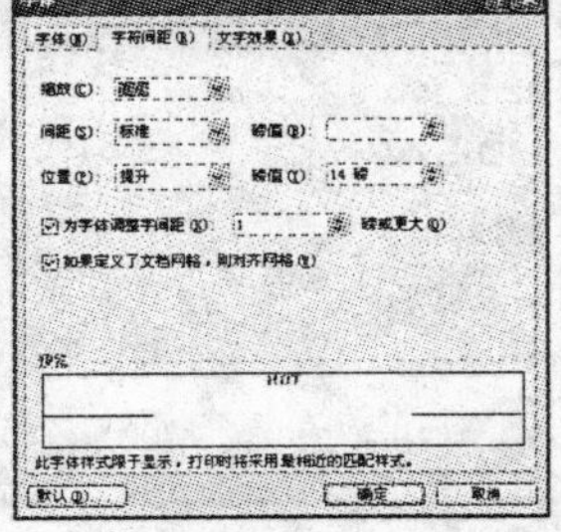

图 4-4 【字体】对话框

步骤 3：单击【确定】按钮，回到文档中。

6. 设置段落格式

步骤 1：按回车键后，设置文字为【左对齐】；设置【字体】为“宋体”；设置【字号】为“三号”。

步骤 2：单击【格式】|【段落】命令，打开【段落】对话框。然后在【缩进】栏的【特殊格式】下拉列表中，选择“首行缩进”，再回到编辑状态。

7. 输入正文内容

输入启事的具体内容，将启事中的“全部商品”和“8 折”设置为加粗。然后将光标定位在要插入符号的位置，执行【插入】|【符号】命令，弹出如图 4-5 所示的【符号】对话框，在【符号】选项卡中，选择【字体】为“Webdings”，插入符号 🏆、👪、📱，最后将这 3 个符号设置为红色，效果如图 4-6 所示。

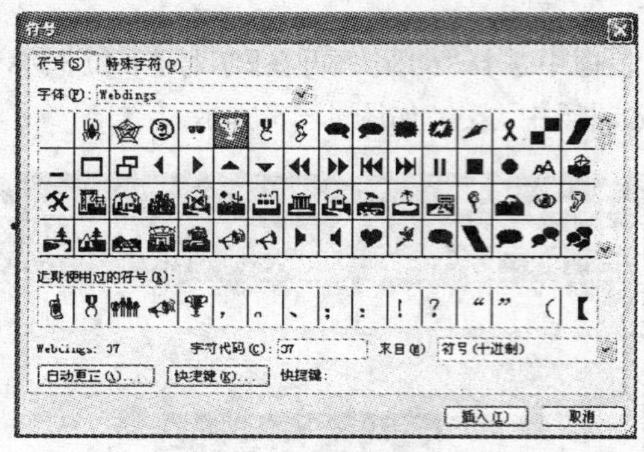

图 4-5　【符号】对话框

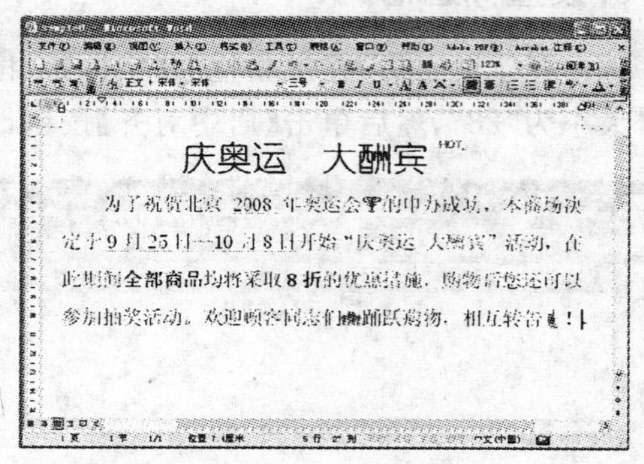

图 4-6　输入文字及符号

8. 插入日期和时间

内容输入完后，另起一行，并设置文字输入为【右对齐】。单击【插入】|【日期和时间】命令，在【日期和时间】对话框中选择一种【可用格式】。如图 4-7 所示。按回车键另起一行，输入“销售部”，得到的最终效果如图 4-8 所示。

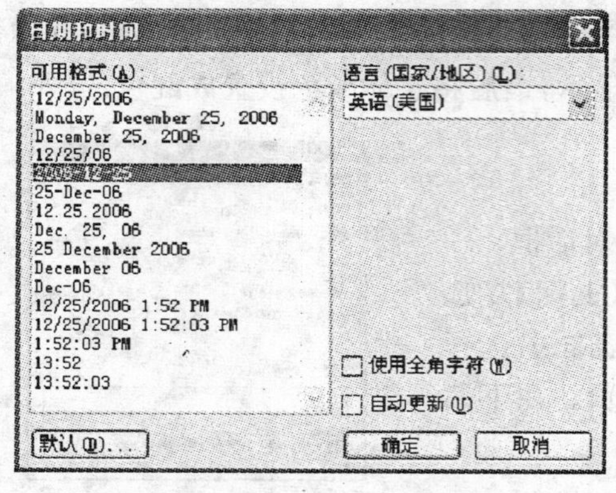

图 4-7　插入日期和时间

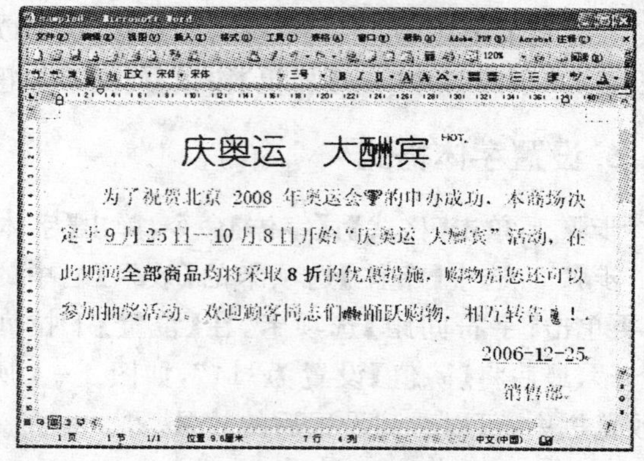

图 4-8　完成的效果

9. 字数统计

如果要统计一下这篇启事的字数，单击【工具】|【字数统计】命令即可。

Word 2003 新增了一个功能来解决这个问题。打开【字数统计】对话框后，会发现下面多了一个按钮【显示工具栏】，单击它，便出现了【字数统计】工具栏，如图 4－9 所示。我们可以将它拖放到工具栏中。这样，用户任意选中一部分文字后，单击【重新计数】按钮，左侧就会显示出所选文字的数量，用户还可以在左侧的下拉列表框中选择对字符、非字符、段落等数量的统计。

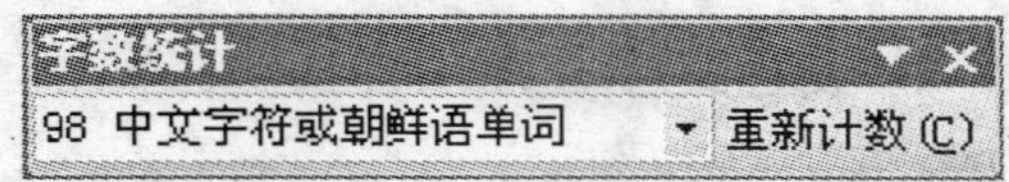

图 4－9 【字数统计】工具栏

10. 设置密码

执行【工具】|【选项】命令，在弹出的【选项】对话框中选择【安全性】选项卡，接着输入【打开文件时的密码】和【修改文件时的密码】，如图 4－10 所示，单击【确定】按钮，再在弹出的【确认密码】对话框中输入刚才设置的两个密码。

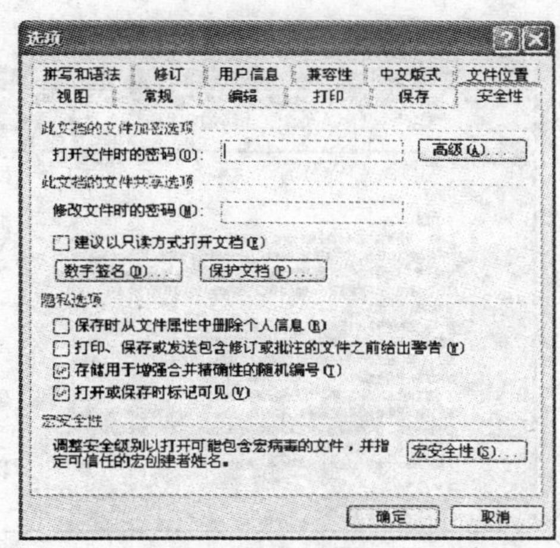

图 4－10 设置打开和修改密码

将文档保存后，再次打开该文档，就会弹出对话框，要求用户输入打开文档的密码和修改文档的密码，这样就起到了保护文档的作用。

二、编辑文档

（一）实例要点

- ◆ 设置字体、样式
- ◆ 设置段落样式
- ◆ 插入图片并设置版式
- ◆ 插入、复制、移动、删除文字
- ◆ 查找与替换的应用

（二）实例目的

通过本实训的学习，要求掌握字体、段落的设置，图片的插入和版式的设置，能够灵活地编辑文字，以及替换该文本中的内容。

（三）实训内容

本实例的最终的效果如图 4－11 所示。

图 4－11 实例的最终效果

1. 输入文字

步骤 1：打开 Word 2003 程序，新建一个文档。

步骤 2:输入如图 4－12 所示的文字。

2. 设置文字及段落样式

步骤 1:选择标题文字“春江花月夜”,设置文字样式为“标题 2”,单击样式工具栏上的“加粗”按钮,使标题文字加粗。

步骤 2:选择除标题外的所有文字,执行【格式】|【段落】命令,弹出【段落】对话框,将【特殊格式】设置为“首行缩进”,【度量值】为“2 字符”,如图 4－13 所示。

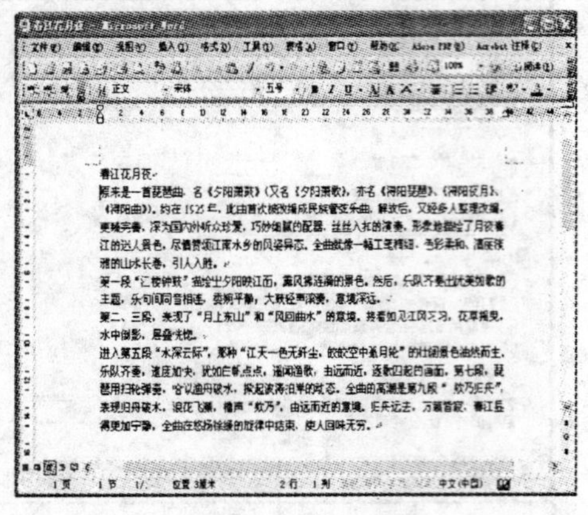

图 4－12　输入文字

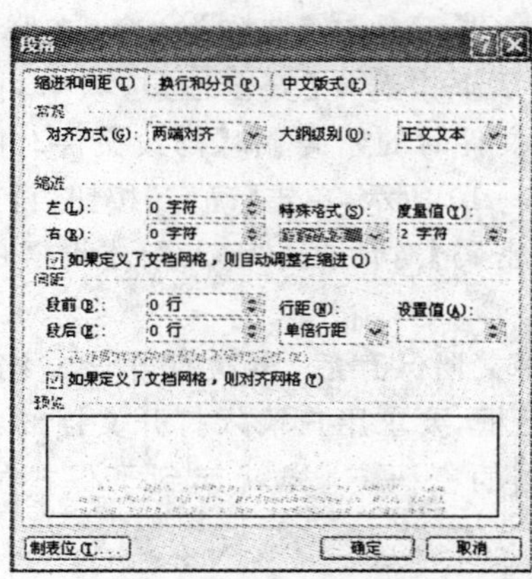

图 4－13　设置首行缩进

步骤 3:将光标定位在正文第二个段落的开头,然后执行【格式】|【段落】命令,弹出【段落】对话框,将【段前】和【段后】都设置为“1 行”,如图 4－14 所示。单击【确定】按钮,得到的效果如图 4－15 所示。

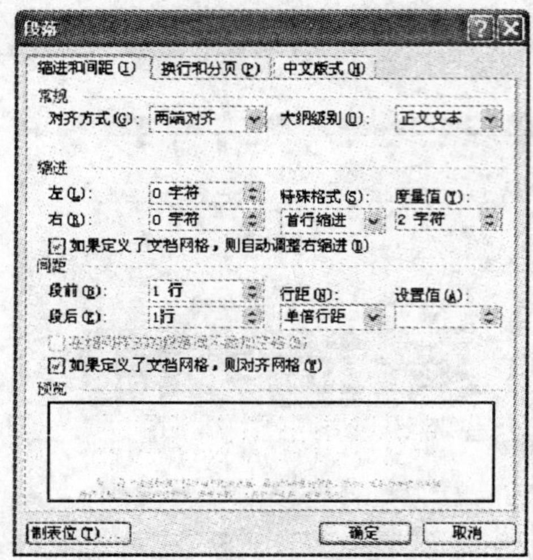

图 4－14　设置行距

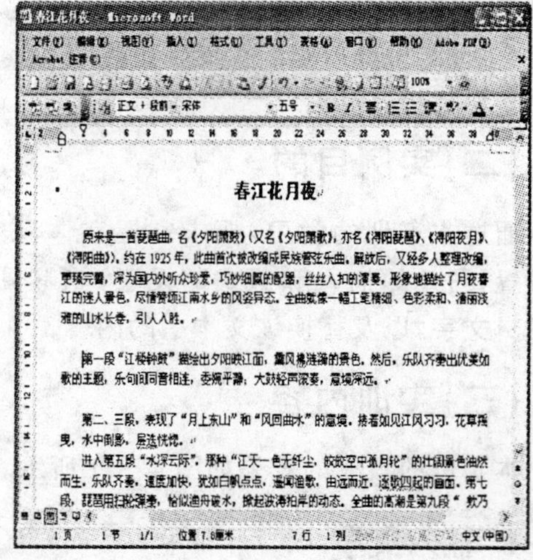

图 4－15　设置行距后的效果

步骤 4:用同样的方法,设置其他段落的行距。将光标定位在正文最后一段的开头,执行【格式】|【段落】命令,弹出【段落】对话框,将【段前】设置为“1 行”,【段后】保持默认的“0 行”,单击【确定】按钮后,得到的效果如图 4－16 所示。

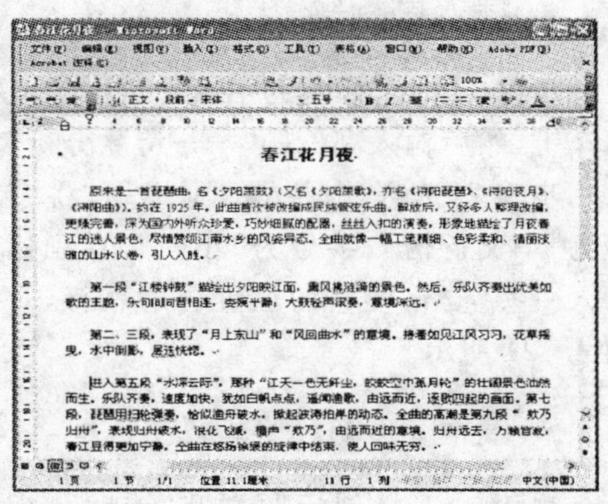

图 4－16　设置行距效果

3. 插入图片并设置版式

步骤 1:执行【插入】|【图片】|【来自文件】命令,弹出【插入图片】对话框,选择准备好的“江水.bmp”文件,如图 4－17 所示。

步骤 2:在插入的图片上双击鼠标左键,弹出【设置图片格式】对话框,将【缩放】的【宽度】和【高度】都设置为“21”,如图 4－18 所示。

步骤 3:在【设置图片格式】对话框中切换到【版式】选项卡,将【环绕方式】设置为【四周型】,如图 4－19 所示。单击【确定】按钮,然后将图片拖动到合适的位置,松开鼠标,得到如图 4－20 所示的效果。

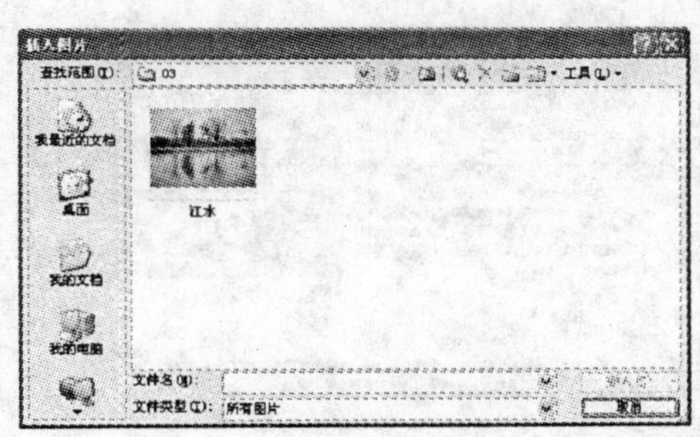

图 4－17　插入图片

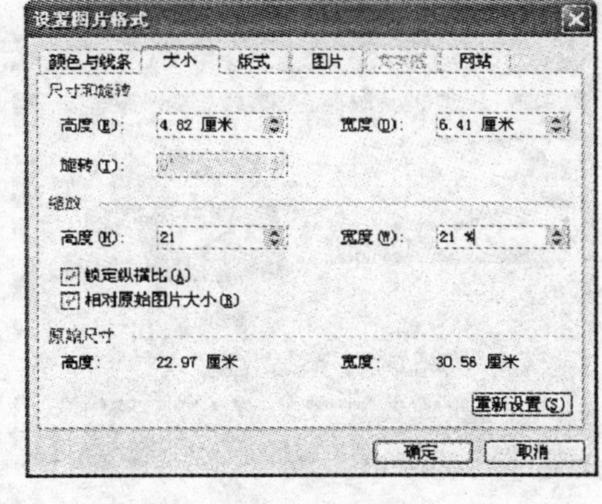

图 4－18　设置图片大小

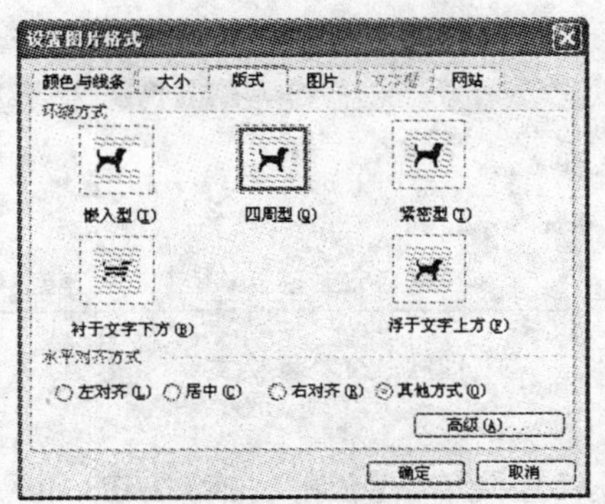

图 4－19　设置版式

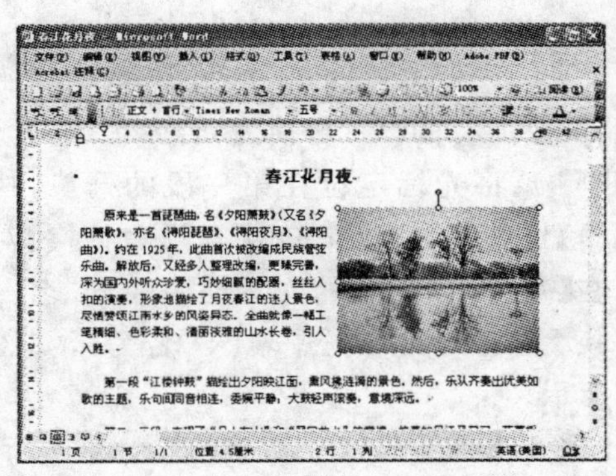

图 4－20　设置版式后的效果

4. 插入副标题

步骤 1：将光标定位在第一段的开头，按回车键，然后输入副标题“——诗歌分析”。

步骤 2：选择刚输入的副标题，将字体设置为“华文行楷”，字号为“小三”，在副标题前加入一些空格，使它的位置合适就行，效果如图 4－21 所示。

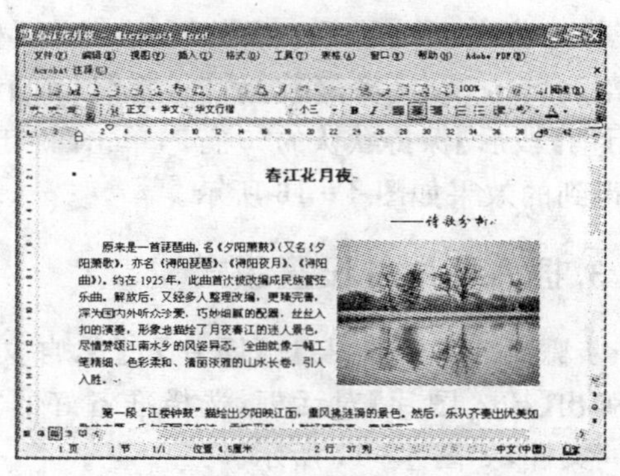

图 4－21　设置副标题后的效果

5. 复制、移动、删除文字

步骤 1：选择副标题文字“诗歌分析”，按键盘上的 Ctrl＋C 组合键进行复制。

步骤 2：将光标定位在第三段文字的开头，然后按键盘上的 Ctrl＋V 键进行粘贴。

步骤 3：选择第三段开头的文字“诗歌分析”，按住鼠标左键将它拖动到第二段的开头，按回车键使它单独成行，如图 4－22 所示。

步骤 4：选择第二段开头的“诗歌”两字，按键盘上的 Del 键将其删除，然后输入“意境”两字，效果如图 4－23 所示。

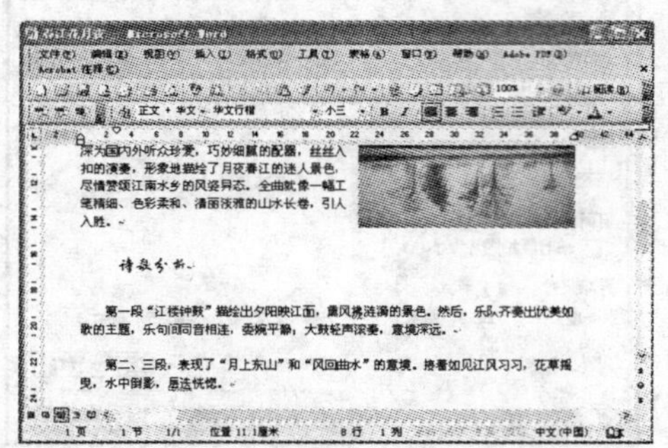

图 4－22　复制、移动文字

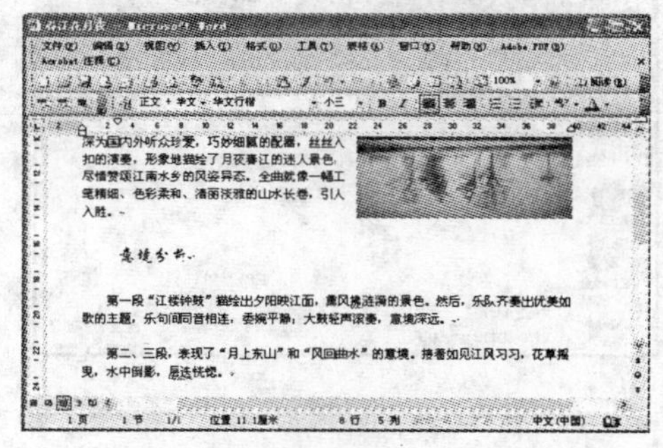

图 4－23　修改文字

6. 替换文字

将文中所有的“名”替换为“名为”。

步骤 1：将光标定位在第一段的开头，执行【编辑】|【替换】命令，弹出【查找和替换】对话框，在【查找内容】后的文本框中输入“名”，在【替换为】后的文本框中输入“名为”，如图 4－24所示。

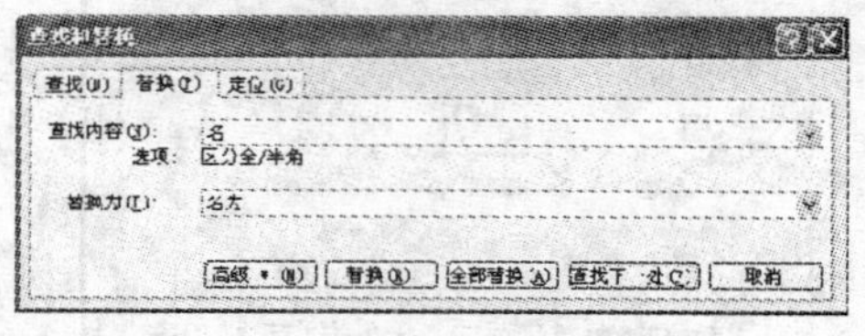

图 4－24　替换文字

步骤 2：如果要将文中所有的“名”都进行替换，可以直接单击【全部替换】按钮，如果只想替换个别内容，可以先单击【查找下一处】按钮，找到要替换的内容，然后单击【替换】按钮。

三、表格的制作与编辑

(一)实例要点

- 将文本转换为表格
- 调整表格
- 绘制斜线表头
- 表格的排序和计算
- 域的更新

(二)实例目的

通过制作一个学生成绩统计表,要求掌握绘制表格的方法,以及对表格进行排序和计算。

(三)实训内容

下面是 2001 年期末考试的学生统计文本,其中每一项以制表符断开,下面我们将它转换成如表 4 - 1 所示的表格效果。

表 4 - 1　2001 年期末考试的学生统计表

2001 年期末考试成绩表						
科目 / 姓名	语文	数学	英语	政治	物理	总分
张戎	80	91	93	90	89	443
赵大	81	98	87	87	87	440
刘乙	97	74	87	89	85	432
张三	99	94	84	82	75	434
胡天	77	86	87	90	85	425
王五	83	78	94	83	86	424
陈甲	93	88	86	90	65	422
钱二	72	92	86	85	85	420
刘七	78	88	89	86	76	417
李四	78	87	89	86	76	416
李海	87	76	93	81	75	412
郭二	87	76	93	81	75	412
贾六	86	53	84	87	96	406
钱九	86	53	84	87	96	406
木树	87	76	84	81	75	403
周丙	87	62	93	81	75	398
平均分	84.88	79.5	88.31	85.38	81.31	

1. 将文本转换成表格

在 Word 中打开这个文本文档,或者直接输入这些内容,然后将其全部选中,执行【表格】|

【转换】|【文本转换成表格】命令，弹出【文本转换成表格】对话框，如图 4－25 左图所示。将【列数】设置为“7”，在【文字分割位置】栏中选择【制表符】单选钮，最后单击【确定】按钮，这样一个 17 行 7 列的表格就生成了，如图 4－25 右图所示。

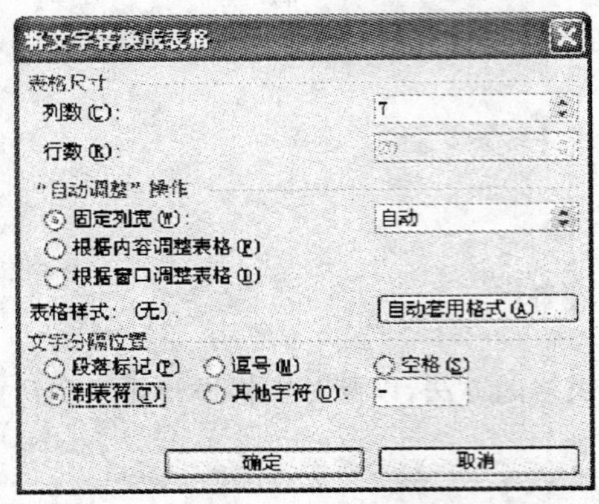

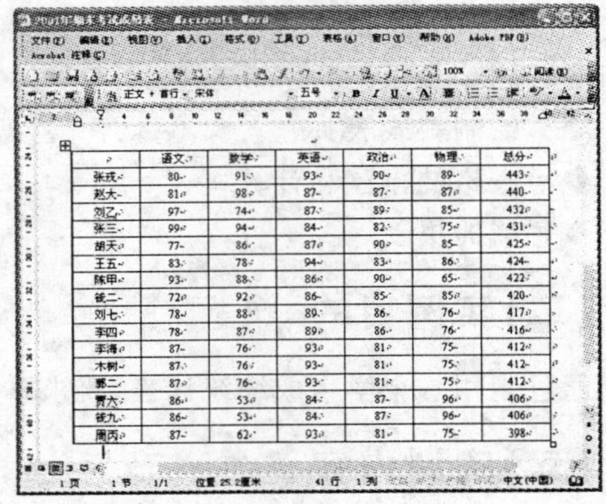

图 4－25　文本转换成表格

2. 调整表格

先在最上方给表格加一个标题。选中第一个单元格，执行【表格】|【插入】|【行(在上方)】命令，然后合并插入行的单元格，并输入标题“2001 年期末考试成绩表”，接着将表格的对齐方式全部设置为【垂直居中对齐】，如表 4－2 所示。

表 4－2　调整表格

2001 年期末考试成绩表						
	语文	数学	英语	政治	物理	总分
刘乙	97	74	87	89	85	432
张戎	80	91	93	90	89	443
陈甲	93	88	86	90	65	422
张三	96	94	84	82	75	431
胡天	77	86	87	90	85	425
赵大	81	98	87	87	87	440
王五	83	78	94	83	86	424
钱二	72	92	86	85	85	420
贾六	86	53	84	87	96	406
钱九	86	53	84	87	96	406
刘七	78	88	89	86	76	417
李海	87	76	93	81	75	412
木树	87	76	93	81	75	412
郭二	87	76	93	81	75	412
李四	78	87	89	86	76	416
周丙	87	62	93	81	75	398

3. 绘制斜线表头

将光标定位在第二行第一列，然后执行【表格】|【绘制表格】命令，弹出【表格和边框】对话框。单击【绘制表格】按钮，使鼠标指针变成铅笔形，然后在单元格中画出一条斜线，在斜线的两侧分别输入“科目”和“姓名”，再分别设置其对齐方式为【右对齐】和【左对齐】，如图 4 - 26 所示。

科目 / 姓名	语文
刘乙	97
张戌	80
陈甲	93
张三	96

图 4 - 26 绘制斜线表头

4. 数据排序

下面我们要对总分进行排序。选中“总分”下面的一列，再选择【表格】|【排序】命令，弹出【排序】对话框，如图 4 - 27 左图所示。在其中设置【主要关键字】为“列 7”，类型为“数字”，按照【降序】排列，单击【确定】按钮后，表格中的数据就按照从高到低的顺序排列好了，如图4 - 27 右图所示。

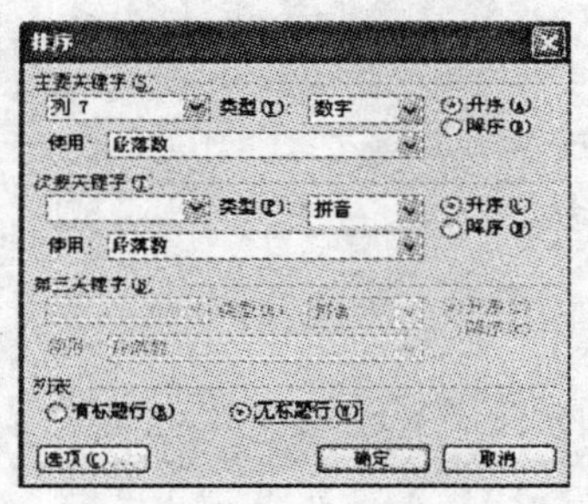

2001 年期末考试成绩表						
科目 / 姓名	语文	数学	英语	政治	物理	总分
张戌	80	91	93	90	89	443
赵大	81	98	87	87	87	440
刘乙	97	74	87	89	85	432
张三	96	94	84	82	75	431
胡天	77	86	87	90	85	425
王五	83	78	94	83	86	424
陈甲	93	88	86	90	65	422
钱二	72	92	86	85	85	420
刘七	78	88	89	86	76	417
李四	78	87	89	86	76	416
李海	87	76	93	81	75	412
木树	87	76	93	81	75	412
郭二	87	76	93	81	75	412
贾六	86	53	84	87	96	406
钱九	86	53	84	87	96	406
周丙	87	62	93	81	75	398

图 4 - 27 数据排序

5. 计算单科平均数

下面我们计算一下每一科的平均分。

步骤 1：先在表格的下方插入一行，再在插入行的第一个单元格内输入“平均分”，如图 4 - 28 所示。

刘七	78	88	89
李四	78	87	89
李海	87	76	93
木树	87	76	93
郭二	87	76	93
贾六	86	53	84
钱九	86	53	84
周丙	87	62	93
平均分			

图 4 - 28 计算单科平均数

步骤 2：将光标定位在第二个单元格内，然后选择【表格】|【公式】命令，弹出【公式】对话框，如图 4 - 29 左图所示。在【公式】栏内输入“＝SUM(ABOVE)/16”后，单击【确定】按钮，语文的平均分就算出来了，如图 4 - 29 右图所示。

用同样的方法求出其他科目的平均分，可以按 F4 键重复上次操作。

6. 域的更新

Word 还有一个非常不错的优点，比如我们发现张三的语文成绩输入错了，那么将他的分数改过来后，总分和平均分也要改，这时只需选中张三的平均分所在的单元格，单击鼠标右键，在快捷菜单中选择【更新域】命令，平均分就被改过来了。

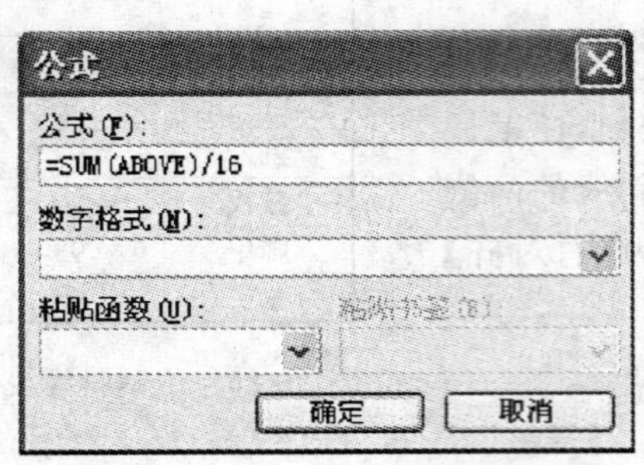

2001 年期末考试成绩表						
科目 / 姓名	语文	数学	英语	政治	物理	总分
张戌	80	91	93	90	89	443
赵大	81	98	87	87	87	440
刘乙	97	74	87	89	85	432
张三	96	94	84	82	75	431
胡天	77	86	87	90	85	425
王五	83	78	94	83	86	424
陈甲	93	88	86	90	65	422
钱二	72	92	86	85	85	420
刘七	78	88	89	86	76	417
李四	78	87	89	86	76	416
李海	87	76	93	81	75	412
木树	87	76	93	81	75	412
郭二	87	76	93	81	75	412
贾六	86	53	84	87	96	406
钱九	86	53	84	87	96	406
周丙	87	62	93	81	75	398
平均分	84.69					

图 4－29 使用【公式】栏计算平均分

如果总分也是通过公式计算出来的，那么用同样的办法也可以更新总分。

四、图文混排

(一)实例要点

- 插入图片
- 调整图片的大小和位置
- 插入剪贴画
- 图片版式的设置
- 图像控制

(二)实例目的

通过本实训的学习，要求掌握图文混排的版式设计方法。

(三)实训内容

图文混排的实例效果如图 4－30 所示。

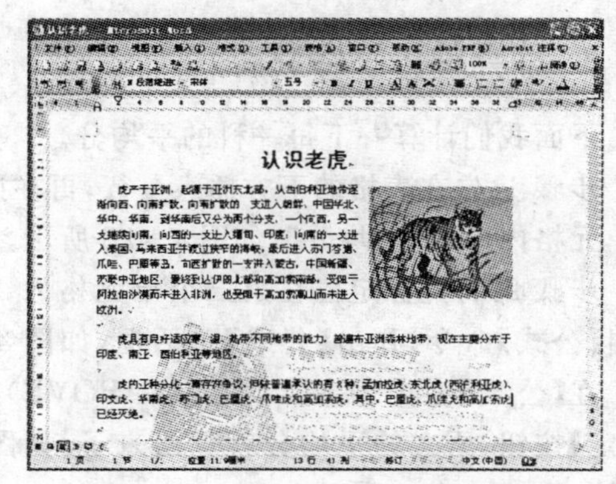

图 4－30 实例效果图

1. 插入图片

先定位光标到要插入图片的地方，然后打开【插入】菜单，选择【图片】|【来自文件】命令。在弹出的【插入图片】对话框中选择要插入的图片，单击【插入】按钮后，选中的图片就插入到了文档中。

2. 调整图片的大小和位置

步骤 1：现在图片的周围有一些黑色的小正方形，叫做尺寸句柄。把鼠标放到上面，鼠标指针就变成了可拖动的形状，此时按下左键拖动鼠标，就可以改变图片的大小了。

在默认的情况下，如果想要改变图片的位置，可以把图片看成一行文字来完成，比如要将这张图片向后移动两个空格，只需将光标定位到图片的前面，然后按两下空格键即可。

步骤 2：可以通过裁剪把图片中不需要的部分裁掉。单击【图片】工具栏上的【裁剪】按钮，鼠标就变成了裁剪的形状。这时在图片的尺寸句柄上按下左键，再拖动鼠标拉出一个虚线框后，松开鼠标左键，就可以把虚线框以外的部分裁掉了。

3. 插入剪贴画

Word 中还有很多自带的各式各样剪贴画，把合适的剪贴画插入文档会使其增色不少。

步骤 1：先定位光标到第一个回车符前，然后打开【插入】菜单，选择【图片】|【剪贴画】命令，在屏幕的右端出现了任务窗格，里面显示的都是有关插入剪贴画的功能选项。

步骤 2：我们要插入的剪贴画是和老虎有关的，所以在任务窗格的搜索输入栏输入“老虎”两个字。单击【搜索】按钮，任务窗格里就出现了一张漂亮的老虎剪贴画。单击它，这张剪贴画就会自动插入到光标处。

步骤 3：现在这张剪贴画的位置需要调整，先选中它，然后单击工具栏上的【右对齐】按钮，图片就自动移到了右边。

4. 设置图片的版式

怎么才能让文字的排列方式和图 4-30 所示的一样呢？也就是怎样让文字绕排在图片的旁边，而不是像现在这样一上一下呢？这就需要调整图片的版式。

步骤 1：单击【图片】工具栏上的【文字环绕】按钮，再从弹出的菜单中选择【四周型环绕】，文字就在图片的周围排列了。

步骤 2：再来一些美化调整。删除最上面的回车符，并将第一段的对齐方式设置为【两端对齐】。

步骤 3：文字不仅仅能在图片周围绕排，还有多种版式可供选择。选中下面的大图片后，单击【图片】工具栏上的【文字环绕】按钮，在弹出的菜单中选择【衬于文字下方】，此时图片会退到文字后面变成背景，就像我们经常看到的海报和宣传画一样。

步骤 4：在这种版式下，图片的移动就变得容易多了。把鼠标移动到图片上，鼠标指针就会变成可移动的形状。按下鼠标左键并拖动，就可以随意地改变图片的位置了。

5. 图像控制

此时有些文字和图片中的深色部分重叠在一起，导致文字和图片都无法看清，不过我们可以用 Word 提供的图像控制功能来解决这个问题。

步骤 1：作为背景图，不应该有太高的对比度，所以我们连续单击【图片】工具栏上的【降低对比度】按钮 10 次来降低对比度。

步骤 2：这时的图片对比度虽然降低了，但是颜色太深，图片上方的字还是看不清楚。此时我们只需再连续单击【图片】工具栏上的【增加亮度】按钮 10 次，增加亮度即可。这样图片和页面就更加融合了，而且图片上方的文字也可以看清楚了。

五、本章上机任务

(1)使用 Word 中提供的日历向导制作一个年历，效果如图 4－31 所示。

要求掌握年历的制作方法，以及在年历中插入图片，学会版式的设置，使图片与表格混排，还有特殊的打印设置。

(2)利用 Word 提供的强大的排版功能，制作如图 4－32 所示的“球赛名单”。

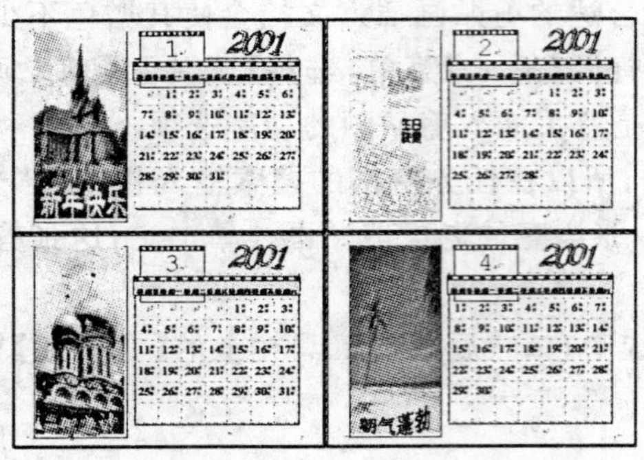

图 4－31　日历

◆ 荣耀队

1. 刘超（队长）
2. 李元颉（前锋）
3. 徐亮（中锋）
4. 李岩松（后卫）
5. 王辉（后卫）

◆ 喝彩队

1. 张子非（队长）
2. 王明浩（前锋）
3. 赵杰（中锋）
4. 赵庆龙（后卫）
5. 周广（后卫）

图 4－32　球赛名单

(3)制作如图 4－33 所示的“购货合同”，然后将其保存为模板。

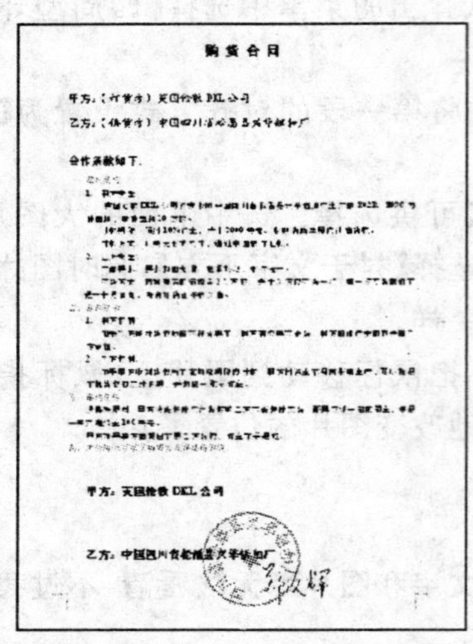
购货合同

甲方：（订货方）[illegible]

乙方：（供货方）中国四川[illegible]

合作条款如下：

[illegible]

甲方：[illegible]

乙方：中国四川[illegible]

图 4－33　购货合同

工作进度报告表

单位	工序	进度	完成日期	备注
一车间	铸模	100%	7.10	废品率 1%
	去毛刺	100%	7.15	
	热效处理	100%	7.22	
五车间	车外圆	100%	7.29	废品率 1.5%
	钻空	100%	8.6	
	攻螺纹	100%	8.10	
	热处理	100%	8.17	
三车间	磨外表面	100%	8.25	废品率 0.7%

图 4－34　工作进度报告表

要求掌握合同、协议、传真等文档的编辑排版，并且可以将经常要用到的文档存为模板文件，以便于使用。

(4)制作如图 4－34 所示的“工作进度报告表”，要求掌握插入表格、合并和拆分单元格以及设置单元格的格式等知识。

(5)利用 Word 的绘图功能，绘制如图 4－35 所示的流程图。

(6)利用 Word 的绘图功能制作如图 4－36 所示的三色彩旗效果。

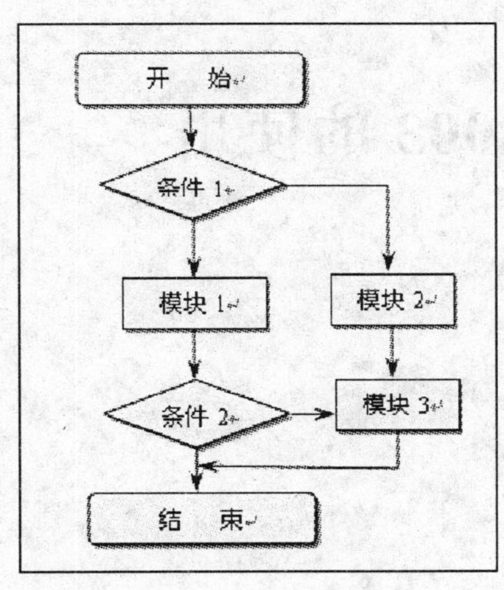

图 4－35　流程图

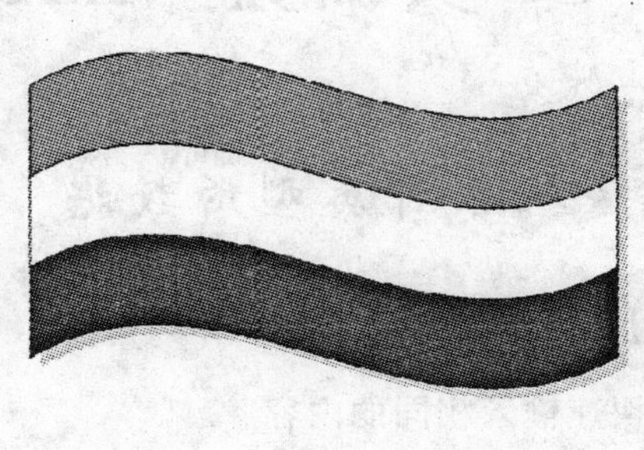

图 4－36　彩旗

要求掌握图形的绘制及常用操作、图形格式的设置，以及图形的变形等知识。

(7)制作如图 4－37 所示的手抄报效果，要求掌握对复杂版式的设计、文字块的分割方法，以及中文版式的应用。

图 4－37　手抄报效果

(8)使用菜单的“段落”对话框将下列文字的行距设置为“1.5 倍行距”，使用“格式”工具栏将所有文字设置为四号黑体，并将“高级语言”设置为红色字体，将“机器语言”设置为绿色字体。

附语言

目前，在社会上使用的程序设计语言有上百种，它们都被称为计算机的“高级语言”，如 Basic、Pascal、C 语言等。这些语言都是用接近人们习惯的自然语言和数学语言为语言的表达形式，人们学习和操作起来感到十分方便。

对计算机本身来说，它并不能直接识别由高级语言编写的程序，它只能接受和处理由 0 和 1 的代码构成的二进制指令或数据，由于这种形式的指令是面向机器的，因此也称为“机器语言”。

实训五　Excel 2003 的使用

一、输入各种类型的数据

(一)实训要点

- ◆ 快速输入相同的内容
- ◆ 填充序列的应用
- ◆ 设置单元格格式
- ◆ 插入行
- ◆ 合并单元格

(二)实训目的

通过本实训的学习,要求掌握各种类型数据的输入方法,以及快速输入序列或者相同的内容。

(三)实训内容

这个实例是为了练习在 Excel 2003 中快速输入数据专门设计的,最终的效果如图 5－1 所示。

学生信息表

	A	B	C	D	E	F	G
1	奖学金领取情况						
2	班级	学号	姓名	性别	出生年月	奖学金金额	领取资金时间
3	计算机9901	19990101	李天鹏	女	1978年6月3日	￥1,000	8:30 AM
4	计算机9901	19990102	史采玲	女	1977年3月6日	￥2,120	9:30 AM
5	计算机9901	19990103	顾德琴	男	1978年3月5日	￥600	10:30 AM
6	计算机9901	19990104	曾文	男	1980年9月6日	￥590	11:30 AM
7	计算机9901	19990105	胡宾	男	1980年9月6日	￥689	2:00 PM
8	计算机9901	19990106	王威	女	1978年6月3日	￥856	3:00 PM
9	计算机9901	19990107	李利立	女	1977年5月20日	￥687	4:00 PM
10	计算机9901	19990108	张扬	男	1978年9月30日	￥1,236	5:00 PM
11	计算机9901	19990109	章文军	男	1976年9月6日	￥2,511	6:00 PM
12	计算机0001	20000101	赵宏亮	男	1981年2月6日	￥1,300	7:00 PM
13	计算机0001	20000102	周大方	男	1982年3月9日	￥1,500	8:00 PM
14	计算机0001	20000103	孙笑	女	1978年9月30日	￥1,430	8:30 AM
15	计算机0001	20000104	童乐	女	1980年12月2日	￥1,562	9:30 AM
16	计算机0001	20000105	艾密	女	1978年4月20日	￥982	10:30 AM
17	计算机0001	20000106	严芳芳	女	1977年6月30日	￥157	11:30 AM
18	计算机0001	20000107	洪亮	男	1979年6月18日	￥361	2:00 PM
19	计算机0001	20000108	邢道义	女	1976年5月18日	￥983	3:00 PM
20	计算机0001	20000109	夏天	男	1977年5月6日	￥253	4:00 PM

学生基本档案表

图 5－1　实例的最终效果

1. 创建新文档并输入表头

步骤 1:打开 Excel 2003,选中 A1 单元格,输入“班级”两个字,按键盘上的 Tab 键,在 B2 单元格内输入“学号”两个字。用相同的方法输入其他表头内容。

步骤 2:选中 A1:G1 单元格,然后单击工具栏中的“居中”按钮,使表头文字居中对齐,得到的效果如图 5-2 所示。

2. 快速输入相同的内容

步骤 1:在 A2 单元格中输入“计算机 9901”,将光标定位在 A2 单元格的右下角,按键盘上的 Ctrl 键不放,拖动鼠标到 A10 单元格,这时可以看到在 A2:A10 单元格内出现了相同的内容,如图 5-3 所示。

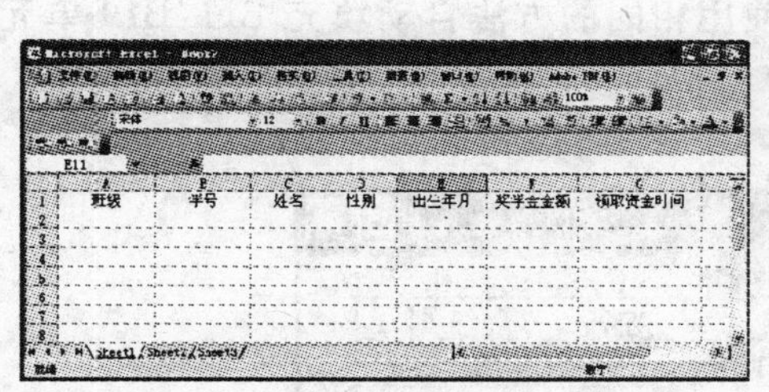

图 5-2 输入表头内容并居中

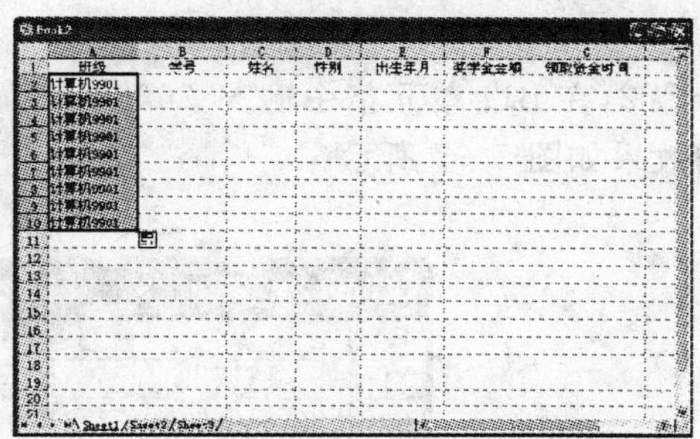

图 5-3 输入相同的内容

步骤 2:在 A11 单元格内输入“计算机 0001”,然后按住 Ctrl 键,利用填充柄实现复制功能,这样在 A1:A19 单元格内就快速地输入了相同的班级信息,得到的效果如图 5-4 所示。

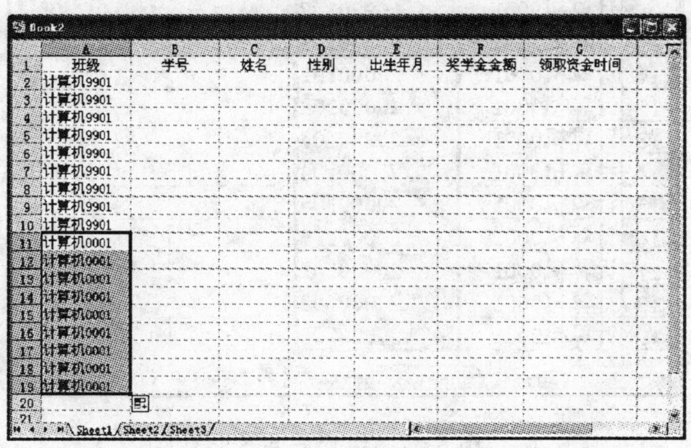

图 5-4 再次输入相同的内容

3. 输入等差序列的数字

步骤 1:在 B2 单元格中输入“19990101”,选中 B2:B10 单元格,执行【编辑】|【填充】|【序列】命令,弹出【序列】对话框,保持默认设置,如图 5-5 所示,最后单击【确定】按钮,就可以看

到自动按顺序填充的效果，如图 5-6 所示。

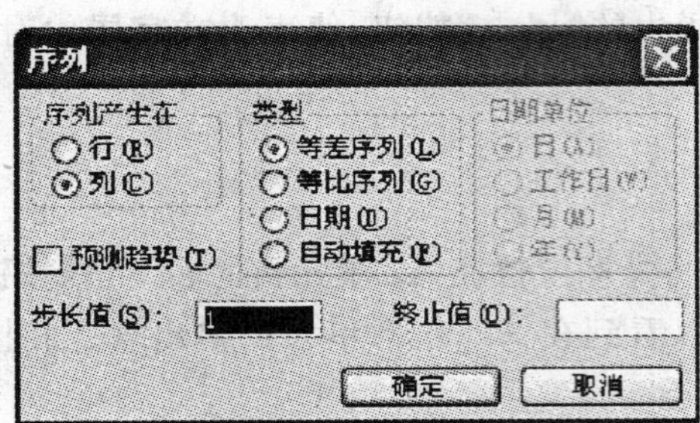

图 5-5 【序列】对话框

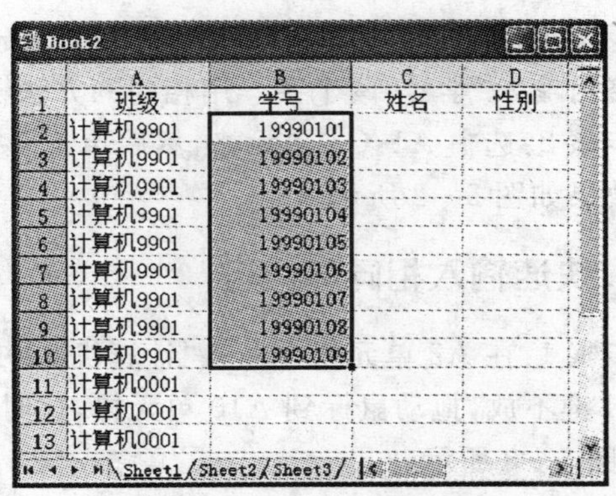

	A	B	C	D
1	班级	学号	姓名	性别
2	计算机9901	19990101		
3	计算机9901	19990102		
4	计算机9901	19990103		
5	计算机9901	19990104		
6	计算机9901	19990105		
7	计算机9901	19990106		
8	计算机9901	19990107		
9	计算机9901	19990108		
10	计算机9901	19990109		
11	计算机0001			
12	计算机0001			
13	计算机0001			

图 5-6 按顺序自动填充后的效果

步骤 2：在 B11 单元格中输入“20000101”，使用相同的方法自动填充 B11：B19 单元格，填充后的效果如图 5-7 所示。

	A	B	C	D
1	班级	学号	姓名	性别
2	计算机9901	19990101		
3	计算机9901	19990102		
4	计算机9901	19990103		
5	计算机9901	19990104		
6	计算机9901	19990105		
7	计算机9901	19990106		
8	计算机9901	19990107		
9	计算机9901	19990108		
10	计算机9901	19990109		
11	计算机0001	20000101		
12	计算机0001	20000102		
13	计算机0001	20000103		
14	计算机0001	20000104		
15	计算机0001	20000105		
16	计算机0001	20000106		
17	计算机0001	20000107		
18	计算机0001	20000108		
19	计算机0001	20000109		

图 5-7 填充后的效果

4. 将数字转换为文本格式

选中 B2：B19 单元格，执行【格式】|【单元格】命令，进入【数字】选项卡，在【分类】列表中选择【文本】选项，如图 5-8 左图所示。单击【确定】按钮，就可以将数字格式转换为文本格式，数字将左对齐，如图 5-8 右图所示。

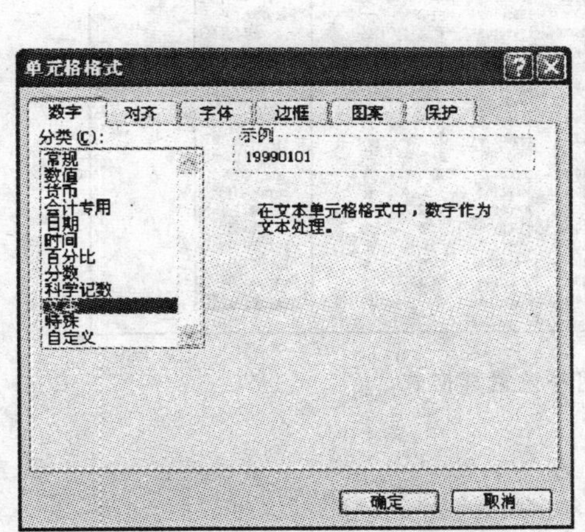

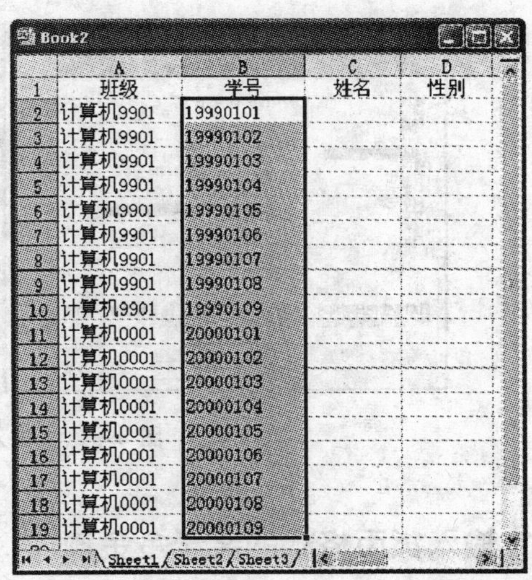

图 5－8　将数字转换为文本格式

5. 输入姓名及性别

选中 C2 单元格，输入“李天鹃”，按回车键继续输入下一个姓名“史采玲”，使用相同的方法输入姓名和性别，输入后的效果如图 5－9 所示。

6. 输入日期并设置其格式

步骤 1：选中 E2 单元格，输入“78－3”，按回车键后继续输入“77－6”，用相同的方法输入其他的“出生年月”，输入完成后的效果如图 5－10 所示。

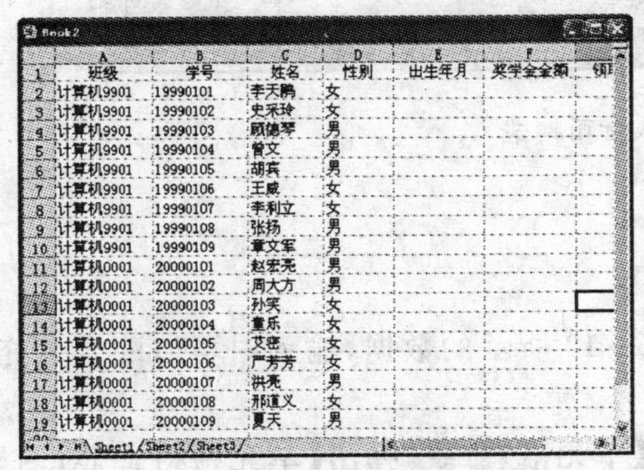

图 5－9　输入姓名及性别

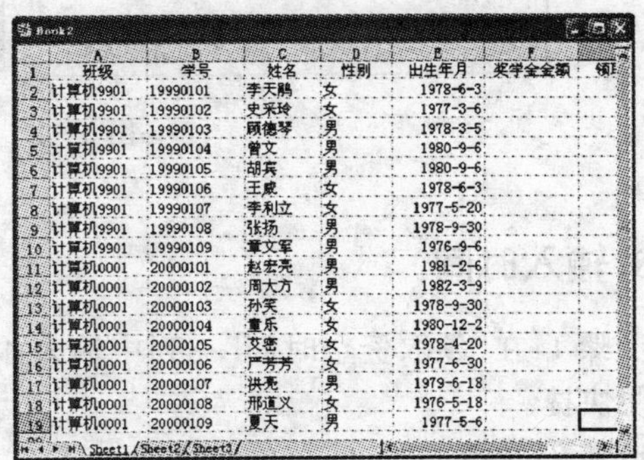

图 5－10　输入日期

步骤 2：选中 E2：E19 单元格，执行【格式】|【单元格】命令，弹出【单元格格式】对话框，进入【数字】选项卡，在【分类】列表中选择【日期】选项，在【类型】下拉列表中选择“2001 年 3 月 14 日”，如图 5－11 左图所示。最后单击【确定】按钮，效果如图 5－11 右图所示。

图 5－11　输入日期并设置其格式

7. 输入货币格式的奖学金金额

在“奖学金金额”一列中输入数据，选中 F2:F19 单元格，执行【格式】|【单元格】命令，弹出【单元格格式】对话框，进入【数字】选项卡，在【分类】列表中选择【货币】选项，将【小数位数】设置为“0”，如图 5－12 左图所示。单击【确定】按钮，格式设置与最终效果如图 5－12 右图所示。

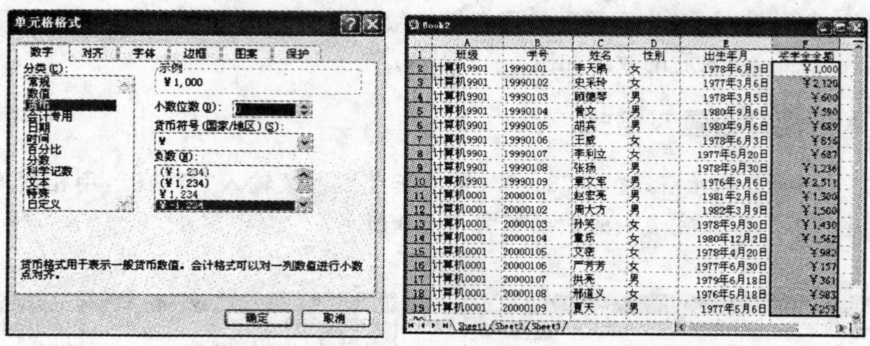

图 5－12　输入货币格式

8. 输入时间

步骤 1：在“领取资金时间”一列中输入如图 5－13 所示的数据，输入时可以配合填充功能更方便快捷。

步骤 2：选择 G2：G19 单元格，执行【格式】|【单元格】命令，弹出【单元格格式】对话框，进入【数字】选项卡，在【分类】列表中选择【时间】选项，将【类型】设置为“1:30PM”，如图 5－14 左图所示。单击【确定】按钮，格式设置与最终效果如图 5－14 右图所示。

9. 输入标题

步骤：在表头上方再插入一行，输入标题“奖学金领取情况”，合并单元格并居中对齐，适当调节单元格的高度，调节后的效果如图 5－15 所示。

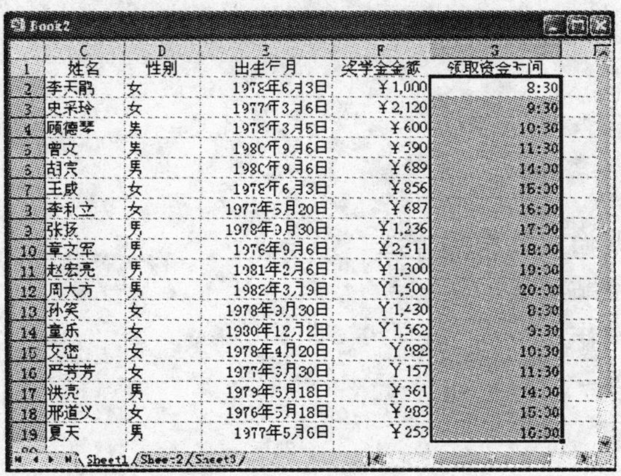

	C	D	E	F	G
1	姓名	性别	出生年月	奖学金金额	领取资金时间
2	李天鹏	女	1978年6月3日	￥1,000	8:30
3	史采玲	女	1977年3月6日	￥2,120	9:30
4	顾德琴	男	1978年3月5日	￥600	10:30
5	曾文	男	1980年9月6日	￥590	11:30
6	胡宾	男	1980年9月6日	￥689	14:00
7	王威	女	1978年6月3日	￥856	15:00
8	李利立	女	1977年5月20日	￥687	16:00
9	张扬	男	1978年9月30日	￥1,236	17:00
10	章文军	男	1976年9月6日	￥2,511	18:00
11	赵宏亮	男	1981年2月6日	￥1,300	19:00
12	周大方	男	1982年3月9日	￥1,500	20:00
13	孙笑	女	1978年9月30日	￥1,430	8:30
14	童乐	女	1980年12月2日	￥1,562	9:30
15	艾密	女	1978年4月20日	￥982	10:30
16	严芳芳	女	1977年6月30日	￥157	11:30
17	洪亮	男	1979年6月18日	￥361	14:00
18	邢道义	女	1976年5月18日	￥983	15:00
19	夏天	男	1977年5月6日	￥253	16:00

图 5－13　输入时间

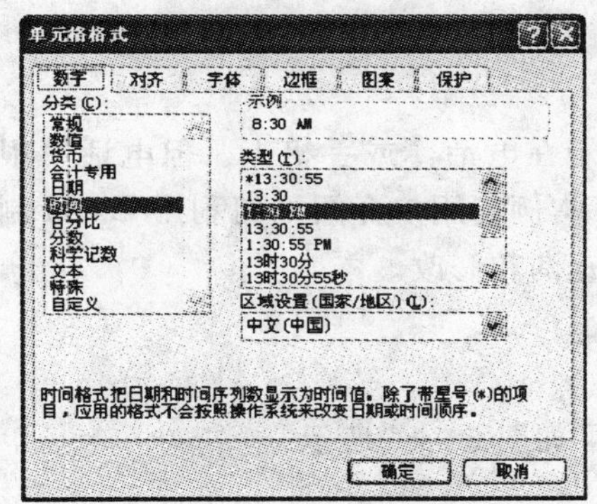

	C	D	E	F	G
1	姓名	性别	出生年月	奖学金金额	领取资金时间
2	李天鹏	女	1978年6月3日	￥1,000	8:30 AM
3	史采玲	女	1977年3月6日	￥2,120	9:30 AM
4	顾德琴	男	1978年3月5日	￥600	10:30 AM
5	曾文	男	1980年9月6日	￥590	11:30 AM
6	胡宾	男	1980年9月6日	￥689	2:00 PM
7	王威	女	1978年6月3日	￥856	3:00 PM
8	李利立	女	1977年5月20日	￥687	4:00 PM
9	张扬	男	1978年9月30日	￥1,236	5:00 PM
10	章文军	男	1976年9月6日	￥2,511	6:00 PM
11	赵宏亮	男	1981年2月6日	￥1,300	7:00 PM
12	周大方	男	1982年3月9日	￥1,500	8:00 PM
13	孙笑	女	1978年9月30日	￥1,430	8:30 AM
14	童乐	女	1980年12月2日	￥1,562	9:30 AM
15	艾密	女	1978年4月20日	￥982	10:30 AM
16	严芳芳	女	1977年6月30日	￥157	11:30 AM
17	洪亮	男	1979年6月18日	￥361	2:00 PM
18	邢道义	女	1976年5月18日	￥983	3:00 PM
19	夏天	男	1977年5月6日	￥253	4:00 PM

图 5－14　设置时间格式

	C	D	E	F	G
1	奖学金领取情况				
2	姓名	性别	出生年月	奖学金金额	领取资金时间
3	李天鹏	女	1978年6月3日	￥1,000	8:30 AM
4	史采玲	女	1977年3月6日	￥2,120	9:30 AM
5	顾德琴	男	1978年3月5日	￥600	10:30 AM
6	曾文	男	1980年9月6日	￥590	11:30 AM
7	胡宾	男	1980年9月6日	￥689	2:00 PM
8	王威	女	1978年6月3日	￥856	3:00 PM
9	李利立	女	1977年5月20日	￥687	4:00 PM
10	张扬	男	1978年9月30日	￥1,236	5:00 PM
11	章文军	男	1976年9月6日	￥2,511	6:00 PM
12	赵宏亮	男	1981年2月6日	￥1,300	7:00 PM
13	周大方	男	1982年3月9日	￥1,500	8:00 PM
14	孙笑	女	1978年9月30日	￥1,430	8:30 AM
15	童乐	女	1980年12月2日	￥1,562	9:30 AM
16	艾密	女	1978年4月20日	￥982	10:30 AM
17	严芳芳	女	1977年6月30日	￥157	11:30 AM
18	洪亮	男	1979年6月18日	￥361	2:00 PM
19	邢道义	女	1976年5月18日	￥983	3:00 PM
20	夏天	男	1977年5月6日	￥253	4:00 PM
21					

图 5－15　添加表格标题

二、工作表的管理及编辑

(一)实训要点

Excel 的基本操作：

- ◆ 基本的文本数据输入和编辑方法
- ◆ 内容的复制和粘贴功能
- ◆ 行和列的插入操作
- ◆ 单元格格式设置
- ◆ 插入及编辑批注
- ◆ 自动筛选功能
- ◆ 视图管理器
- ◆ 工作表命名和保存方法

(二)实训目的

在实际生活中，人们经常把亲朋好友的电话记录在电话簿或手机上。但电话簿很容易丢失，手机的容量又相当有限，这就带来了很多不便。本例向用户介绍如何利用 Excel 制作几乎无限制容量的通讯录，以及如何对这个通讯录进行查询和修改。

(三)实训内容

本实例讲述如何利用 Execl 制作通讯录，其效果如图 5－16 所示。

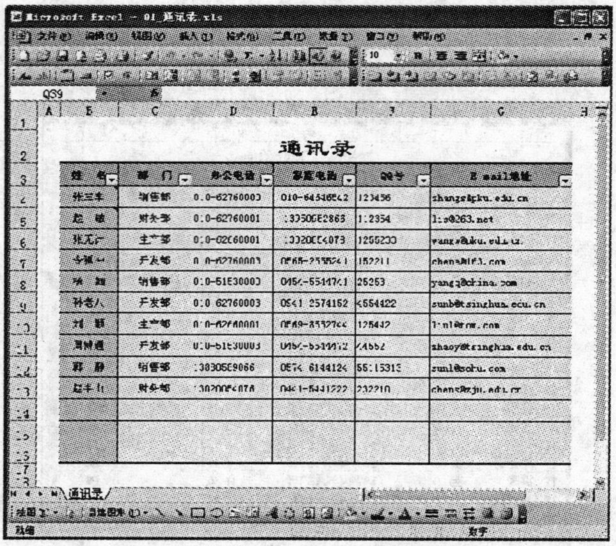

图 5－16　实例效果图

在通讯录中记载了“姓名”、“E－mail 地址”和“电话号码”等多种信息，由此可见表格的结构是由所要记载的信息决定的。

在建立表格之前，必须首先对表格有个整体的规划，才有利于后面的文本内容输入和单元格格式的设置。因此在制作前，必须明确目标，对将要设计的表格先有个整体的轮廓，或者先在纸上画个草图，这样制作起来才会比较方便。

1. 启动 Excel

用鼠标单击桌面底部左端的【开始】按钮，并在【所有程序】菜单中的【Microsoft Office】子菜单中单击【Microsoft Office Excel 2003】，以启动 Excel。

2. 规划表格结构

由于我们要建立一个包含"姓名"、"部门"、"办公电话"、"家庭电话"、"QQ 号"和"E - mail 地址"等信息在内的通讯录，所以在 Excel 中输入全部信息之前，我们需要对表格的信息加以规划。

步骤 1：更改工作表的名称。

将鼠标的指针移到 Sheet1 工作表的标签上，右击之后，在弹出的快捷菜单中单击【重命名】命令，然后输入新的名称(本例中，我们命名为"通讯录")即可，如图 5 - 17 所示。

步骤 2：输入表头。

选中单元格 A1 后，输入文本内容"通讯录"，并按 Enter 键结束。再在 A2～F2 单元格中分别输入"姓名"、"部门"、"办公电话"、"家庭电话"、"QQ 号"和"E - mail 地址"，如图 5 - 18 所示。

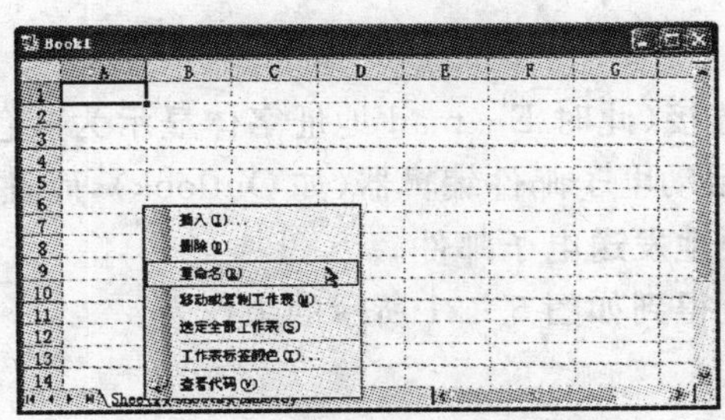

图 5 - 17　重命名工作表

图 5 - 18　通讯录的框架结构

3. 输入通讯录信息

在建立起通讯录的整体框架之后，就要进行通讯录信息的输入操作。

步骤 1：输入联系人的姓名。

步骤 2：输入联系人所在的部门。

由于联系人所在的部门可能存在许多相同的情况，因此我们可以利用复制和粘贴的方法提高输入效率。例如在单元格 B3 中输入"销售部"之后，单击该单元格，然后按快捷键 Ctrl＋C 对该单元格的内容进行复制，此时该单元格的边框将呈现出循环转动的虚线框，接着单击单元格 B7，再按 Ctrl＋V 快捷键，即可把单元格 B3 中的内容复制到单元格 B7 中。

输入完毕之后，可得到如图 5 - 19 所示的工作表。

步骤 3：输入联系人的办公电话以及家庭电话。

办公电话和家庭电话的输入格式取决于用户的个人喜好，在本例中，我们将联系人的固定电话按照“区号-电话号码”的格式（如张三丰的办公电话为 010－62760000）进行输入。

如果直接输入，Excel 将按照常规方式将其识别为数字而忽略掉第一位数字 0。为了避免这种问题的出现，我们再选中“办公电话”和“家庭电话”两列中的固定电话（手机号码由于第一位非 0，输入时不存在上述问题）单元格，在【单元格格式】对话框中，单击【数字】选项卡，然后选择【分类】列表框中的【自定义】选项，在【类型】文本框中输入“0＃＃＃＃＃＃＃＃＃＃”（此处假定电话号码最长为 11 位）来表示电话号码的首位为 0，后面跟 10 位数字，如图 5－20 所示。单击【确定】按钮之后，再在所有单元格中输入相应固定电话号码的后 10 位即可。

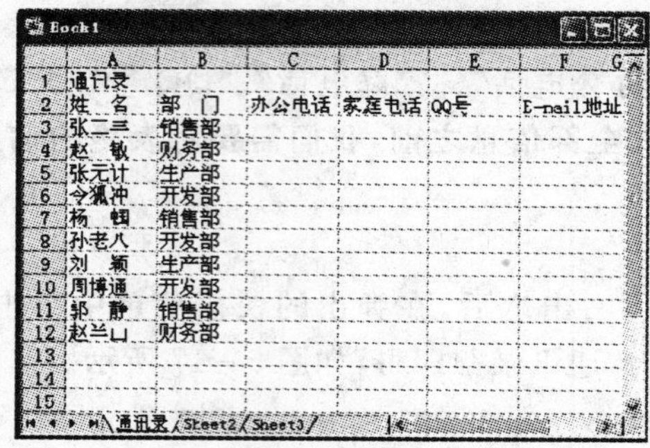

图 5－19　输入姓名和部门的信息

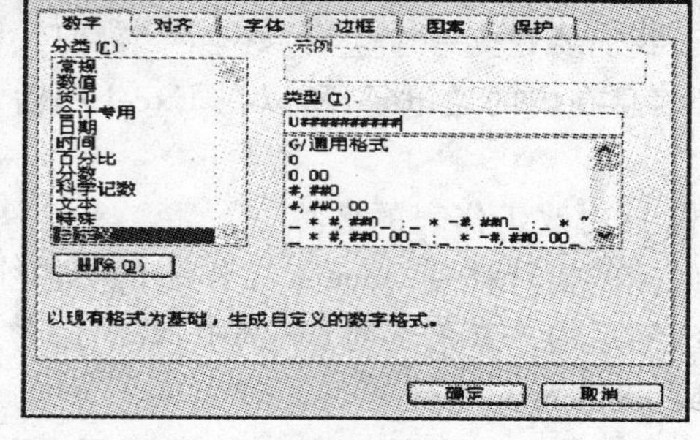

图 5－20　设置数字格式

步骤 4：输入联系人的 QQ 号。

步骤 5：输入联系人的 E－mail 地址。

输入 E－mail 地址之后，系统会自动添加链接（此时 E－mail 地址字体显示为蓝色，并加下划线）。如果单击 E－mail 地址的单元格，会启动电子邮件编辑器（如 Outlook），而且将被自动填好邮件收件人的地址，这样我们便可以方便地发送电子邮件。

以上内容全部正确无误地输入完毕之后，便得到如图 5－21 所示的工作表。

4. 插入行列

选中第 A 列，右击之后在弹出的快捷菜单中选择【插入】命令（图 5－22），即可在该列单元格的前面插入一整列。

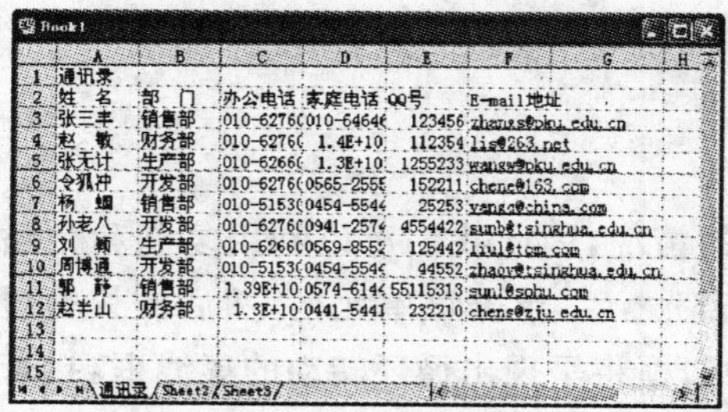

图 5－21　所有内容输入完毕之后的工作表

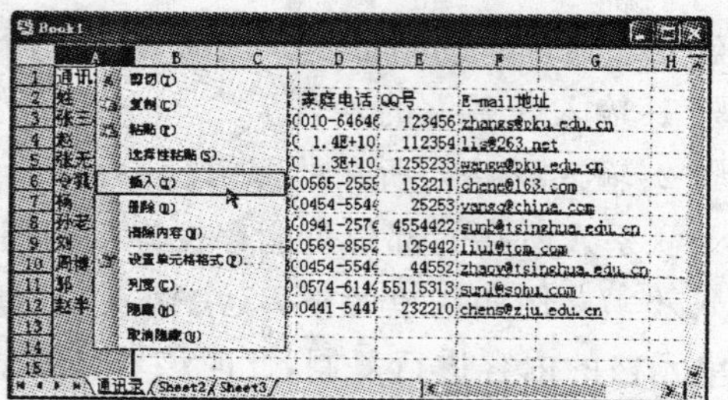

图 5－22　插入列

插入行的操作也是如此。本例中，选中第一行，重复上述操作，即可在第一行的上方插入一整行。此时得到如图 5-23 所示的工作表。

此外，插入行或列时，也可以选定某一单元格，再单击【插入】|【单元格】命令，在弹出的【插入】对话框（图 5-24）中选择【整行】或【整列】单选钮即可。

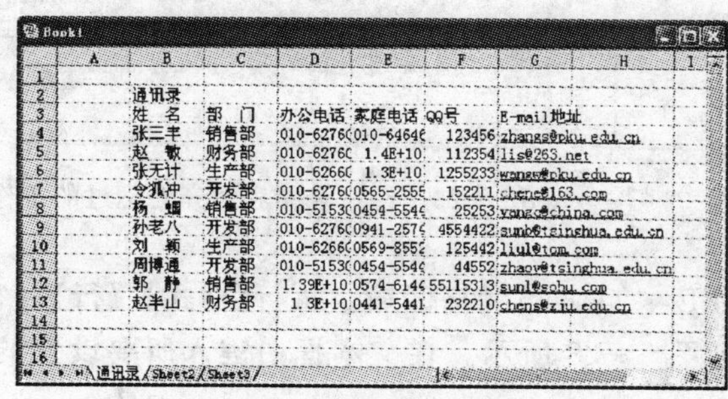

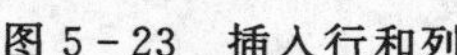
图 5-23　插入行和列

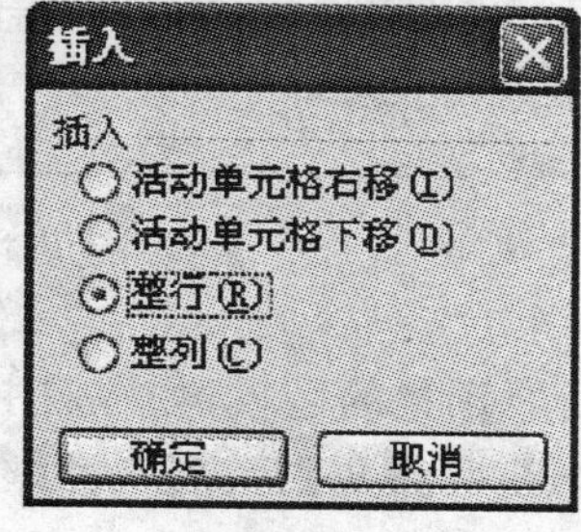

图 5-24　【插入】对话框

当需要删除某行或某列时，只需要选中该行或该列，再在快捷菜单中选择【删除】命令即可。

5. 单元格格式设置

所有内容输入完毕后，最原始的“通讯录”工作表基本制作完成，接下来对工作表进行美化，使它更美观一些。

步骤 1：合并相关的单元格。

按照习惯，作为总表头的“通讯录”应处于表格上方居中的位置，所以我们选中 B2～G2 单元格，然后单击【格式】|【单元格】命令，在弹出的【单元格格式】对话框（图 5-20）中单击【对齐】选项卡，选中【合并单元格】复选框，然后单击【确定】按钮。

要在 Excel 中对单元格进行合并，除上述讲到的方法之外，还有两种方法可供选择。

方法一：选中所要合并的单元格区域，然后右击，在弹出的快捷菜单中选择【设置单元格格式】命令（图 5-25），即可弹出【单元格格式】对话框。

方法二：选中所要合并的单元格区域，然后单击【格式】工具栏中的【合并及居中】按钮，即可使所选区域合并，并可同时使区域内的文字居中。

步骤 2：文字居中处理。

为了美观，要对单元格中的某些内容进行对齐处理。

首先，将需要进行文字居中处理的单元格区域选中，本例为 B2、B3～G3 单元格，然后单击【格式】工具栏中的【居中】按钮，即可使所选区域内的文字居中。

依照上述方法，对“姓名”和“部门”两项内容的信息做居中处理，对“办公电话”、“家庭电话”、“QQ 号”和“E-mail 地址”下面的内容做左对齐处理，之后得到如图 5-26 所示的工作表。

步骤 3：调整行高与列宽。

如果单元格的行高或列宽不合适，则需要进行相应的调整。

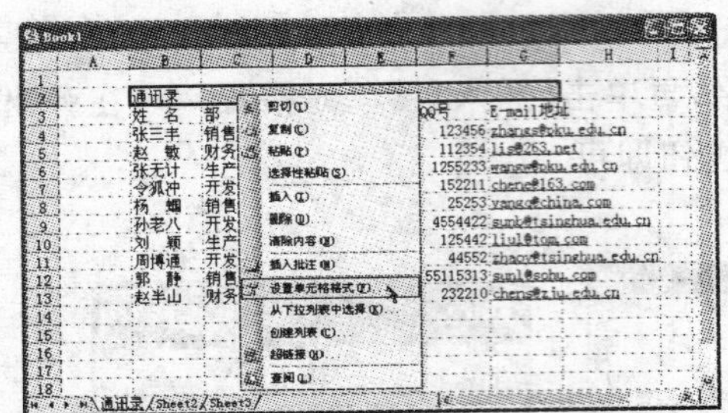

图 5-25　设置单元格格式

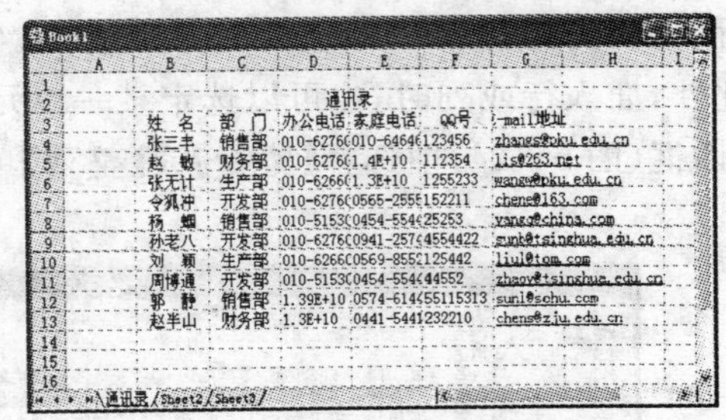

图 5-26　经过合并和对齐处理过的工作表

选中所要调整的区域,如本例中的 B4～G16 单元格区域。执行【格式】|【行】|【行高】命令(图 5-27),即可弹出【行高】对话框,如图 5-28 所示。在文本框中键入所要设置的行高值后单击【确定】即可,本例中输入 20.25。

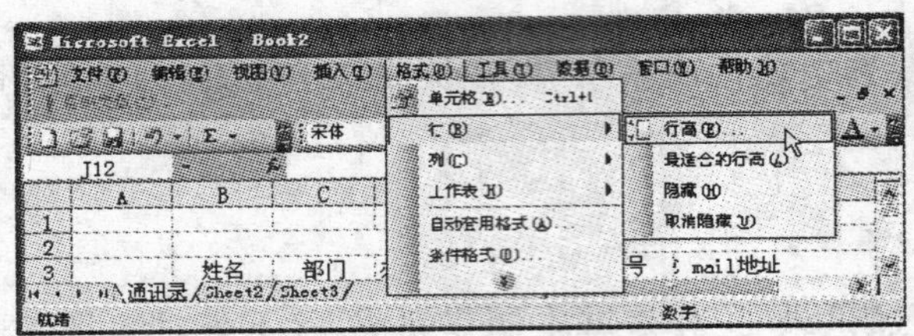

图 5-27　设置单元格行高

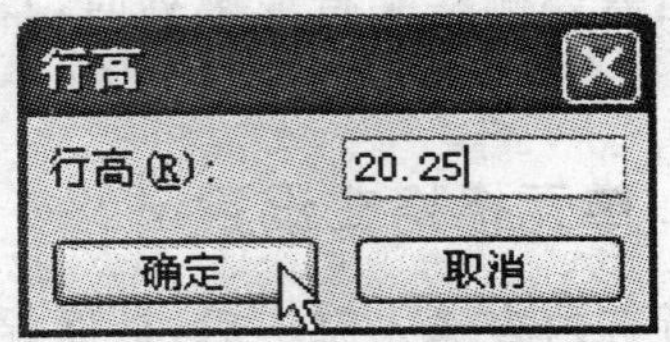

图 5-28　行高对话框

列宽的设置方法与行高的设置方法基本相同。只需单击【格式】|【列】|【列宽】命令,设置相应的列宽值即可。

但上述的行高与列宽的设置方法仅局限于单个单元格或一系列行高值或列宽值相同的单元格区域的情况,而更常用、更直观的方法是直接用鼠标拖动改变行高和列宽。如本例中的表头项“通讯录”,可以把鼠标指针放在该单元格所在行的行号的下边框上,当鼠标指针变成十字形上下双向箭头╪时,即可按住鼠标左键对单元格高度进行调整,在鼠标旁边会显示当前调整到的高度或宽度值,如图 5-29 所示。

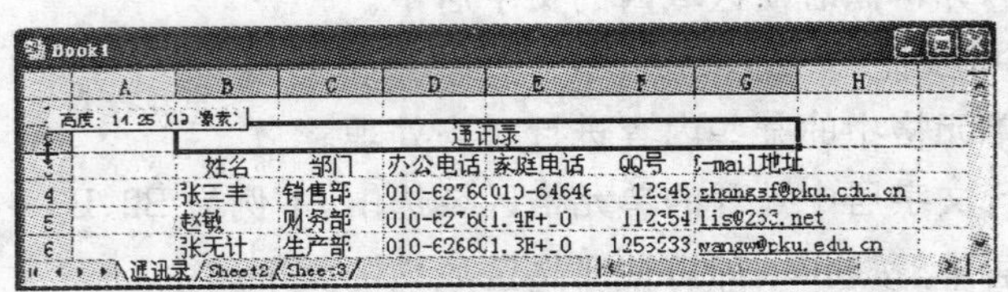

图 5-29　调整行高

将第二行高度调整到“32.25”,将第三行的行高调整到“22.25”,且把第一行的高度调整到“12.00”。以同样的调整方法将 A 列列宽调整到“2.88”,B 列列宽调整到“8.38”,C 列列宽调整到“10.63”,D 列列宽调整到“12.13”,E 列列宽调整到“12.13”,F 列列宽调整到“11.00”,G

列列宽调整到“21.25”,结果如图 5-30 所示。

通讯录

姓 名	部 门	办公电话	家庭电话	QQ号	E-mail地址
张三丰	销售部	010-62760000	010-64646542	123456	zhangs@pku.edu.cn
赵 敏	财务部	010-62760001	13950952866	112354	lis@263.net
张无计	生产部	010-62660001	13020054078	1255233	wangw@pku.edu.cn
令狐冲	开发部	010-62760003	0565-2555241	152211	chene@163.com
杨 蝈	销售部	010-51530000	0454-5544741	25253	yangc@china.com
孙老八	开发部	010-62760003	0941-2574152	4554422	sunb@tsinghua.edu.cn
刘 颖	生产部	010-62660001	0569-8552744	125442	liul@tom.com
周博通	开发部	010-51530003	0454-5544472	44552	zhaov@tsinghua.edu.cn
郭 静	销售部	13880589066	0574-6144124	55116313	sunl@sohu.com
赵半山	财务部	13020054076	0441-5441222	232210	chens@zju.edu.cn

图 5-30 调整行高和列宽之后的工作表

步骤 4:设置字体。

为了使表头等项目显得更加醒目,我们可以对其字体及字号进行设置。

选中所要设置文字字体的单元格区域,如“通讯录”B2 单元格,然后单击【格式】工具栏中的【字体】及【字号】下拉表框,并分别选择“篆书”和“24”,再单击【加粗】按钮,即可完成对该单元格的字体设置。相应地,其他单元格的字体也可按照同样的方法进行设置。在本例中单元格 B3～G3 都采用了 10 号宋体字并加粗,但其他区域只采用了 10 号宋体字,没有加粗。

由于“E-mail 地址”项目中的内容有下划线(系统默认的链接格式),如果为了打印时效果更好些,我们可以对这些单元格区域进行如下处理:

选中单元格 G4～G13,单击【格式】工具栏中的【下划线】按钮,即可取消这些内容的下划线。为了统一字体的颜色,我们需要把“E-mail 地址”项目中内容的颜色改回黑色。选中 G4～G13 单元格,然后单击【格式】工具栏中的【字体颜色】按钮处的下拉箭头,再在颜色列表中选择【自动】按钮即可。

步骤 5:设置单元格边框。

给单元格设置边框可以使工作表更加美观。

选中要进行边框设置的单元格区域,如本例的单元格 B2(通讯录),然后打开【单元格格式】对话框,选择【边框】选项卡,并选择【线条】|【样式】右边的第 5 根粗线条,接着单击按钮,设置所选单元格的粗线条下边框,如图 5-31 所示。

其他单元格区域的边框也可按照此方法进行设置。本例中,B3～G16 单元格都应用了第 7 根细线条来设置下边框和内部边框。

步骤 6:设置单元格背景颜色。

对单元格的颜色进行设置,可以使不同性质、不同含义的数据之间的区别体现得更加明显,也可以使整个页面显得更加美观。

选中要进行背景颜色设置的单元格区域,如本例中的 B3～G3,再单击【格式】工具栏中的

【填充颜色】按钮 处的下拉箭头，并在颜色列表中选择【灰色-25%】按钮。

为其他区域填充颜色可类似进行。此例中我们对 B4～B16 单元格区域填充“茶色”，对 C4～C16、E4～E16 和 G4～G16 单元格区域填充“浅青绿”色，对 D4～D16 和 F4～F16 区域填充“浅黄”色。至此，有关单元格的格式设置基本完毕。格式设置完成后的“通讯录”工作表如图 5-32 所示。

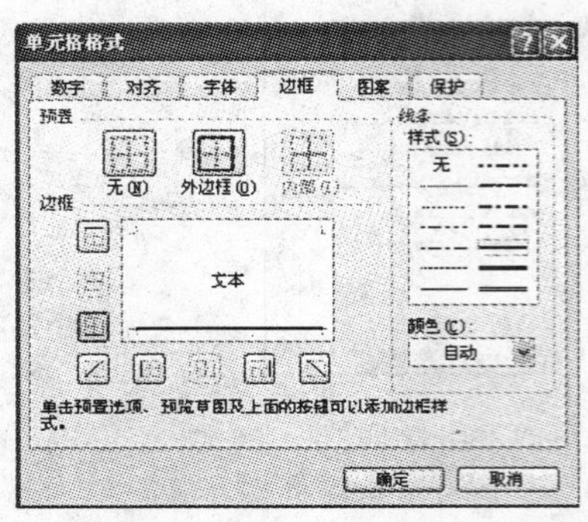

图 5-31　【单元格格式】对话框中的边框设置

通讯录

姓　名	部　门	办公电话	家庭电话	QQ号	E-mail地址
张三丰	销售部	010-62760000	010-64646542	123456	zhangs@pku.edu.cn
赵　敏	财务部	010-62760001	13950952866	112354	lis@263.net
张无忌	生产部	010-62660001	13020054078	1255233	wangw@pku.edu.cn
令狐冲	开发部	010-62760003	0565-2555241	152211	chene@163.com
杨　[illegible]	销售部	010-51530000	0454-5544741	25253	yangq@china.com
孙老八	开发部	010-62760003	0941-2574152	4554422	sunb@tsinghua.edu.cn
刘　[illegible]	生产部	010-62660001	0569-8552744	125442	liul@tom.com
周博通	开发部	010-51530003	0454-5544472	44552	zhaoy@tsinghua.edu.cn
[illegible]	销售部	13880589066	0574-6144124	55115313	sunl@sohu.com
赵半山	财务部	13020054076	0441-5441222	232210	chens@zju.edu.cn

图 5-32　格式设置完成

6. 插入和编辑批注

有时我们需要对某些内容添加一些备注信息，但如果将其单独制作在工作表中，可能会影响整体效果。在这种情况下，我们可以采用插入批注的方法来解决。比如在通讯簿中出现两个姓名相同的联系人时，就可以采用这种方法。

本例为了在工作表中反映联系人“张三丰”是高中的同学，所以需要加批注注明。

步骤 1：首先选中需要加批注的单元格，然后单击【插入】|【批注】命令，如图 5-33 所示。

步骤 2：此时会在选定的单元格附近弹出一个批注文本框。在文本框里输入批注内容，输入完毕后，用鼠标单击其他任意单元格即可。以后每当鼠标光标移动到插入批注的单元格上时，该单元格的批注便会自动显示出来，如图 5-34 所示。

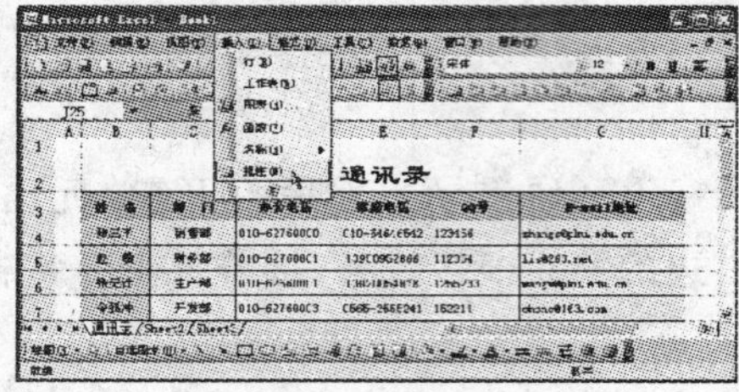

图 5-33　插入批注

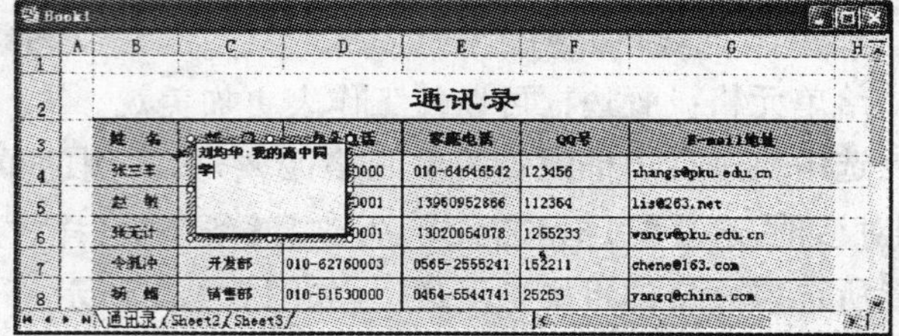

图 5-34　插入批注之后的工作表

如果想对已经插入的批注进行编辑，则执行【插入】|【编辑批注】命令。若要删除批注，则单击【编辑】|【清除】|【批注】命令即可。

7. 利用自动筛选功能选择所需项目

有时我们需要查找某一部门的人员的联系方式，这时便可以使用自动筛选功能。

步骤 1：选中单元格 B3，然后单击【数据】|【筛选】|【自动筛选】命令，如图 5－35 所示。

步骤 2：此时会在第三行的 B3：G3 单元格区域中显示下拉箭头，如图 5－36 所示。

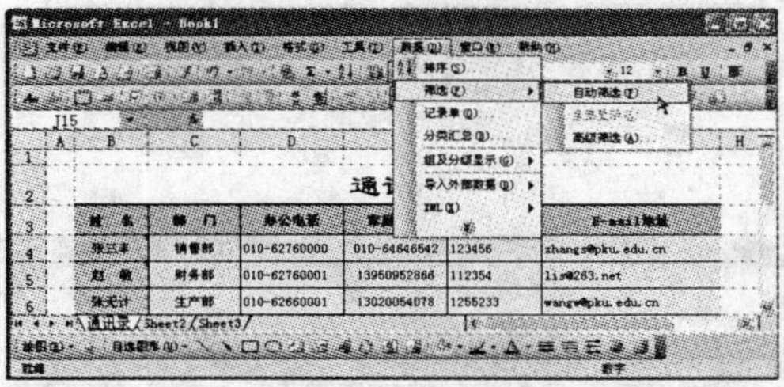

图 5－35　选择【自动筛选】命令

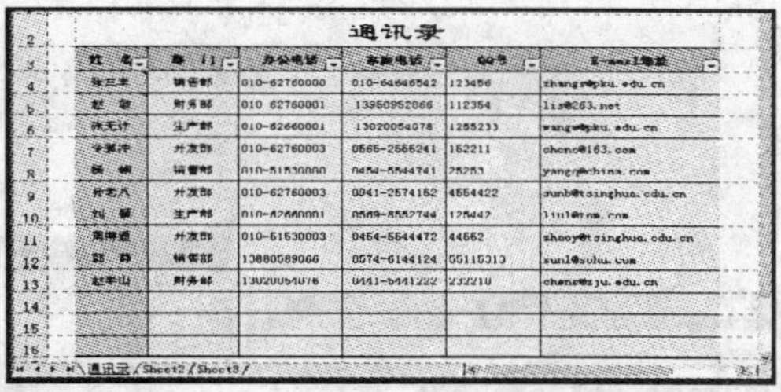

图 5－36　进行自动筛选之后的界面

单击 C3 单元格中的下拉箭头，选中“销售部”如图 5－37 所示。此时便可以筛选出“销售部”人员的联系方式，结果如图 5－38 所示。

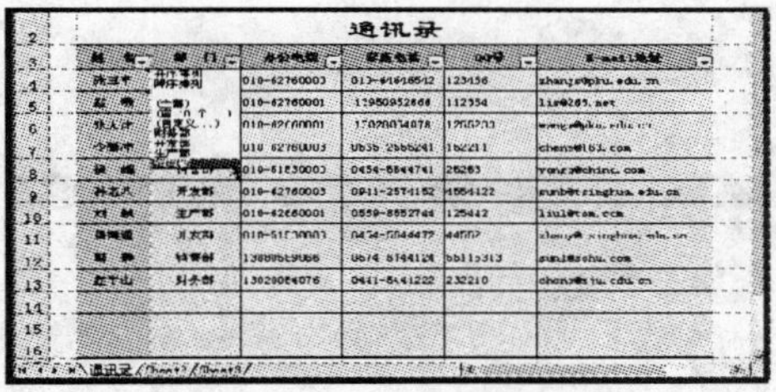

图 5－37　按“部门”中的项目进行筛选

图 5－38　筛选出的“销售部”人员的联系方式

8. 视图管理器

同一张工作表对于具有不同权限的人，有用的信息是不同的。为了保证一张工作表仅向有关人员提供有用信息，而将其他信息（这些信息可能涉及到机密）隐藏，或者出于打印的目的，我们只希望打印出对自己有用的信息。这些问题都可以利用视图管理器来解决。

步骤 1：要在当前工作表中进行格式设置和信息筛选，单击【视图】|【视图管理器】命令，此时弹出【视图管理器】对话框，如图 5－39 所示。

步骤 2：单击【添加】按钮，在随后弹出的【添加视图】对话框的【名称】文本编辑框中输入新视图的名称，再单击【确定】按钮，如图 5－40 所示。

步骤 3：按照此方法创建视图“开发部”、“生产部”、“销售部”和“经理”，分别表示开发部人员列表、生产部人员列表、销售部人员列表以及经理人员列表。

步骤 4：选择【视图】|【视图管理器】命令，再在【视图管理器】对话框中选择所要显示的视图名（图 5－41），然后单击【显示】按钮，工作表即可转到相应的视图，如图 5－42 所示。

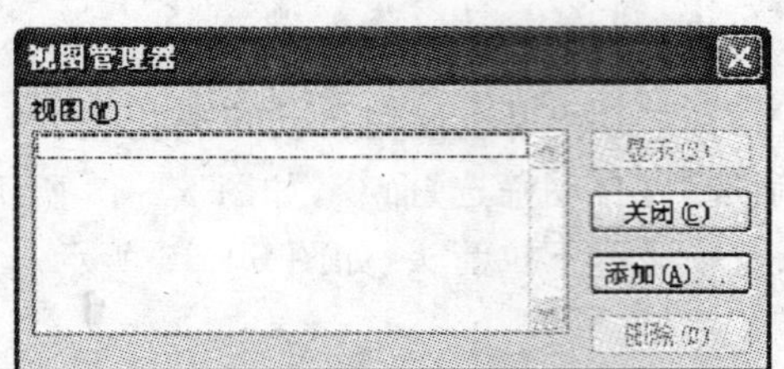

图 5-39　【视图管理器】对话框

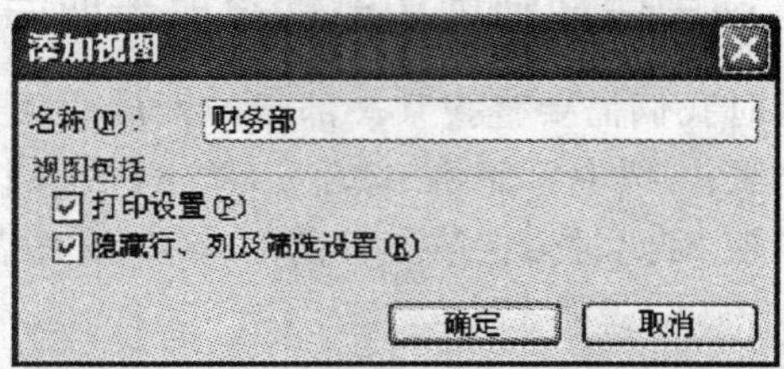

图 5-40　【添加视图】对话框

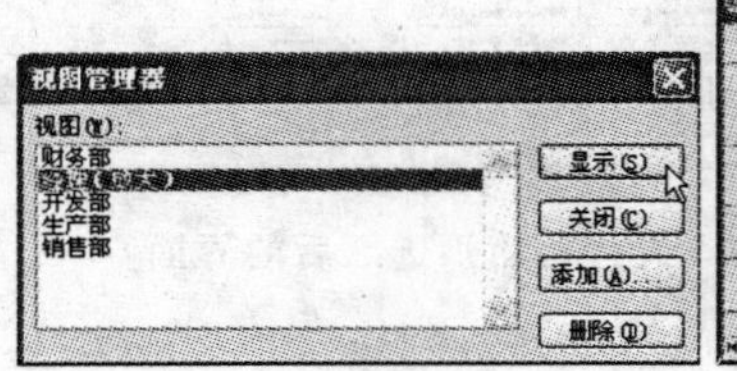

图 5-41　显示相应的视图

图 5-42　显示“经理”视图

9. 保存 Excel 工作簿

工作表制作完成之后，需要对工作簿进行保存。

步骤 1：单击【常用】工具栏中的【保存】按钮，弹出【另存为】对话框，如图 5-43 所示。

步骤 2：在【文件名】文本框中输入所要保存文件的名称，并选择适合的保存位置（一般默认为【我的文档】），然后单击【确定】按钮即可。

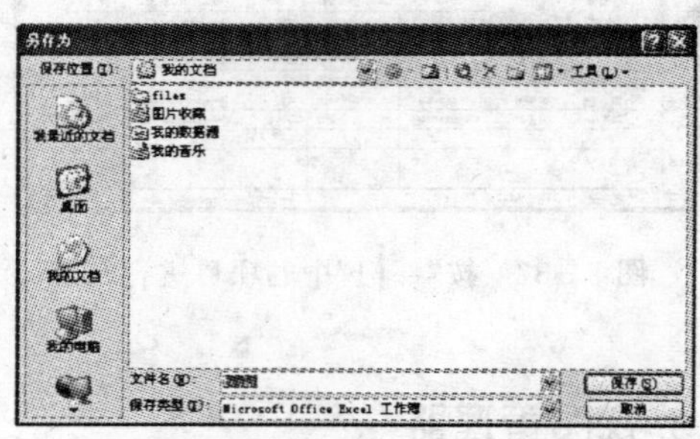

图 5-43　【另存为】对话框

对于本例，我们可以将制作好的工作簿命名为“通讯录”，并保存在【我的文档】中。至此，“通讯录”工作簿制作的全过程就结束了。

三、基本公式和函数的应用

(一)实例要点

- 掌握工作表中公式和函数引用的方法
- 掌握常用的数据管理方法
- 掌握工作表中条件函数引用的方法
- 设置表格样式

(二)实训目的

通过计算职工的实发工资、实发工资的平均值,得出工资的不同等级,学习 Excel 中函数的应用。

(三)实训内容

本实训学习公式和函数的应用,实例效果如图 5-44 所示。

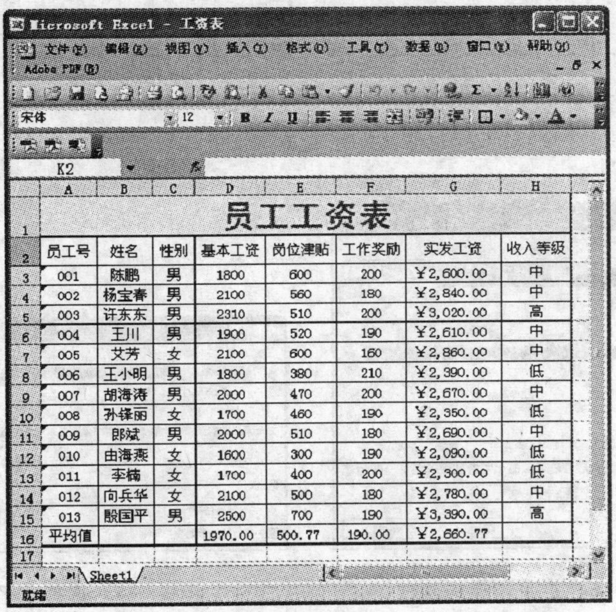

Microsoft Excel - 工资表
员工工资表
员工号 姓名 性别 基本工资 岗位津贴 工作奖励 实发工资 收入等级
001 陈鹏 男 1800 600 200 ￥2,600.00 中
002 杨宝春 男 2100 560 180 ￥2,840.00 中
003 许东东 男 2310 510 200 ￥3,020.00 高
004 王川 男 1900 520 190 ￥2,610.00 中
005 艾芳 女 2100 600 160 ￥2,860.00 中
006 王小明 男 1800 380 210 ￥2,390.00 低
007 胡海涛 男 2000 470 200 ￥2,670.00 中
008 孙锋丽 女 1700 460 190 ￥2,350.00 低
009 郎斌 男 2000 510 180 ￥2,690.00 中
010 由海燕 女 1600 300 190 ￥2,090.00 低
011 李楠 女 1700 400 200 ￥2,300.00 低
012 向兵华 女 2100 500 180 ￥2,780.00 中
013 殷国平 男 2500 700 190 ￥3,390.00 高
平均值 1970.00 500.77 190.00 ￥2,660.77
Sheet1

图 5-44 员工工资表

1. 创建新文档并输入内容

步骤 1:打开 Excel 2003,新建一个文档,执行【文件】|【另存为】命令,将该文档保存为"工资表"。

步骤 2:在该"工资表"中输入内容,完成后的效果如图 5-45 所示。

2. 输入公式计算"实发工资"

步骤 1:下面先计算员工的实发工资,选择 G2 单元格,输入"=D2+E2+F2"后按回车键。

步骤 2:利用填充柄拖动鼠标至 G14 单元格,则实发工资计算完成,如图 5-46 所示。

3. 使用"AVERAGE"函数

步骤 1:选中 D15 单元格,执行【插入】|【函数】命令,在如图 5-47 所示的对话框中选择"AVERAGE"函数,然后单击【确定】按钮,在【函数参数】对话框中输入"D2:D14"区域,如图 5-48所示,最后单击【确定】按钮。

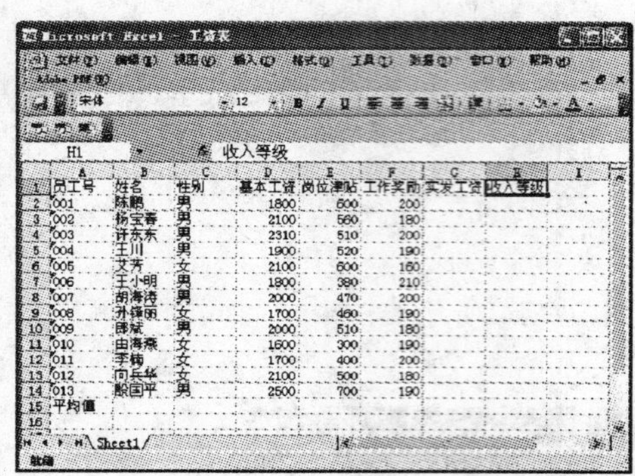

图 5-45　工资表

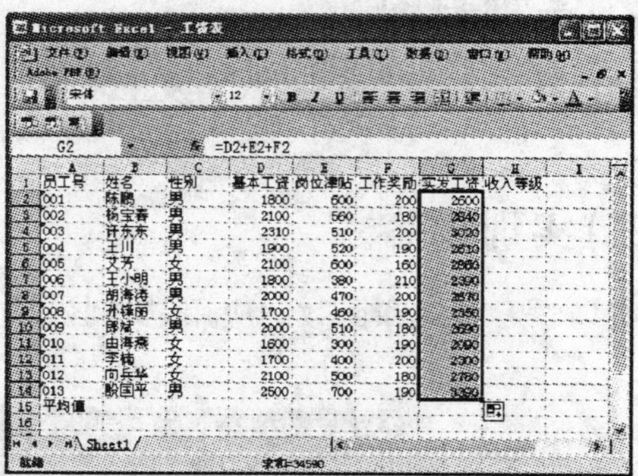

图 5-46　计算实发工资

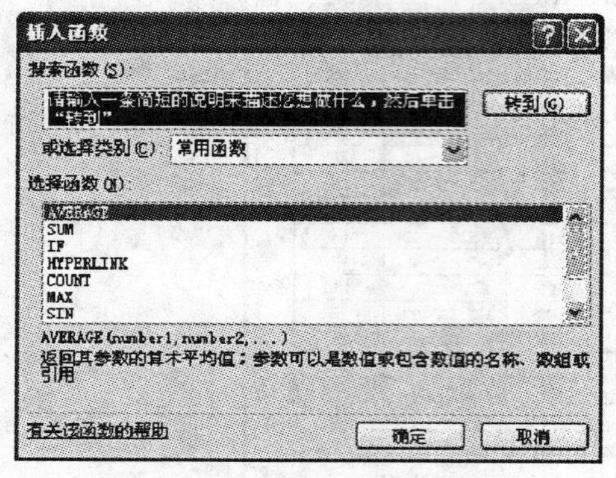

图 5-47　选择求平均值的函数

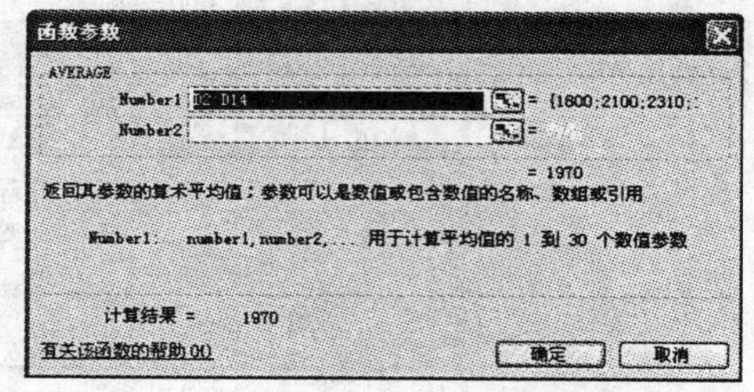

图 5-48　选择求平均值的范围

步骤 2：选中 D15 单元格并单击鼠标右键，在快捷菜单中选择【设置单元格格式】命令，在对话框中选择【数字】选项卡，再选择“数值”，设置小数位数为“2”。

步骤 3：选中 D15 单元格后，利用填充柄拖动鼠标至 G15 单元格，则工资的平均值计算完成，如图 5-49 所示。

4. 使用“IF”函数

步骤 1：下面根据员工的收入得到收入等级，等级标准如下：2000～2999 为低，3000～3999 为中，大于 4000 为高。在单元格 H2 中输入“=IF(G2>3000,"高",IF(G2>2500,"中",IF(G2>2000,"低")))”，然后按回车键。

步骤 2：选中 H2 单元格后，利用填充柄拖动鼠标至 H14，完成等级的显示，如图 5-50 所示。

5. 设置表格样式

步骤 1：我们设置一下表格的样式。在行号为 1 的上面再插入一行，在 A1 单元格中输入标题“员工工资表”，然后在【格式】工具栏中选择黑体、粗体、28 号、红色。

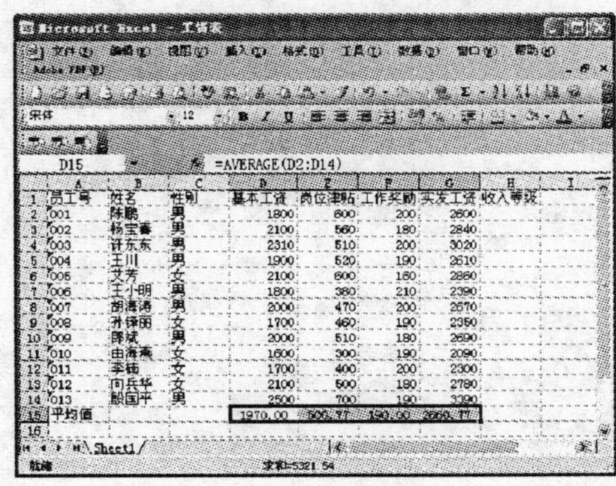

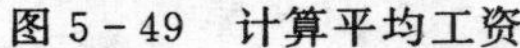
图 5－49　计算平均工资

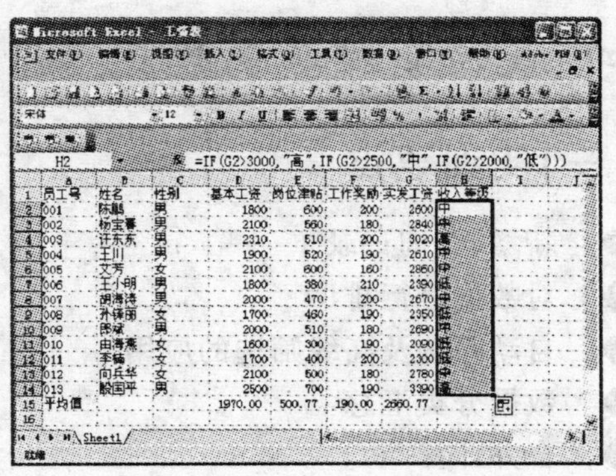
图 5－50　显示收入等级

步骤 2：选中 A1：H1 范围内的单元格，单击【合并及居中】按钮，然后在合并后的单元格上单击鼠标右键，在【图案】选项卡中，选择淡黄色为单元格背景。

步骤 3：在行号 2 上单击鼠标右键，在快捷菜单中选择【行高】命令，输入 25，然后单击【确定】按钮。选中行号 3 到 16，用同样的方法将它们的行高设置为 18。

步骤 4：选中 G3：G16 的单元格，单击鼠标右键，在弹出的快捷菜单中选择【设置单元格格式】命令，在【数字】选项卡中选择【货币】格式，然后单击【确定】按钮。

步骤 5：选中 A～H，执行【格式】|【列】|【最合适的列宽】命令。然后在选中的范围内单击鼠标右键，在弹出的快捷菜单中选择【设置单元格格式】命令，在【对齐】选项卡中将【水平对齐】和【垂直对齐】方式设置为“居中”。

步骤 6：将表格的最外框设置为最粗的单线样式，将内部边框设置为最细单线，得到的效果如图 5－51 所示。

员工工资表

员工号	姓名	性别	基本工资	岗位津贴	工作奖励	实发工资	收入等级
001	陈鹏	男	1800	600	200	￥2,600.00	中
002	杨宝春	男	2100	560	180	￥2,840.00	中
003	许东东	男	2310	510	200	￥3,020.00	高
004	王川	男	1900	520	190	￥2,610.00	中
005	艾芳	女	2100	600	160	￥2,860.00	中
006	王小明	男	1800	380	210	￥2,390.00	低
007	胡海涛	男	2000	470	200	￥2,670.00	中
008	孙锋丽	女	1700	460	190	￥2,350.00	低
009	郎斌	男	2000	510	180	￥2,690.00	中
010	由海燕	女	1600	300	190	￥2,090.00	低
011	李楠	女	1700	400	200	￥2,300.00	低
012	向兵华	女	2100	500	180	￥2,780.00	中
013	殷国平	男	2500	700	190	￥3,390.00	高
平均值			1970.00	500.77	190.00	￥2,660.77	

图 5－51　完成后的员工工资表

四、数据管理与分析

(一)实训要点

- 新增、查询记录
- 对数据进行排序
- 自动筛选及高级筛选的应用
- 数据分类汇总
- 合并计算

(二)实训目的

通过本实训的学习,要求掌握数据管理与分析的基本方法。

(三)实训内容

1. 新增及查询记录

步骤 1:打开 Execl 2003,在 Sheet1 工作表中建立一个“本公司 11 月份工资表”的表格,如图 5-52 所示。

职工工资表

	A	B	C	D	E	F	G
1	本公司11月份工资表						
2	部门	姓名	性别	主管地区	基本工资	岗位津贴	实发工资
3	销售部	张华	男	沈阳	1800	600	2400
4	采购部	李力伟	女	上海	2234	580	2814
5	企划部	王力平	男	沈阳	2500	600	3100
6	采购部	周绘	女	昆明	1800	530	2330
7	企划部	林玲	女	上海	1850	530	2380
8	企划部	王小强	男	沈阳	2000	600	2600
9	销售部	李梅英	女	上海	2500	550	3050
10	销售部	赵刚	男	昆明	1600	600	2200
11	采购部	徐静影	男	上海	1450	500	1950
12	企划部	王英	女	昆明	1890	530	2420
13	采购部	张秀秉	男	昆明	2100	500	2600
14	销售部	孙静伟	男	沈阳	1750	580	2330
15	采购部	曹文健	男	沈阳	1910	600	2510
16	采购部	杨林灵	女	上海	2100	650	2750
17	销售部	孙静丽	女	上海	2300	630	2930
18	销售部	韩文轩	男	沈阳	1350	500	1850
19	企划部	刘刚	女	沈阳	1400	500	1900
20	采购部	何东	男	昆明	1680	530	2210
21	企划部	沈文	女	上海	2150	650	2800
22	销售部	宋美丽	女	昆明	2000	580	2580
23							

Sheet1 / Sheet2 / Sheet3

图 5-52 输入表格内容

步骤 2:我们要使用“记录单”功能新增一个记录。将光标定位在数据清单中任意一个单元格内,执行【格式】|【记录单】命令,弹出如图 5-53 所示的【Sheet1】对话框,单击【新建】按钮,然后在左侧输入对应的信息,然后单击【关闭】按钮,即可看到新增了一个记录,如图 5-54 所示。

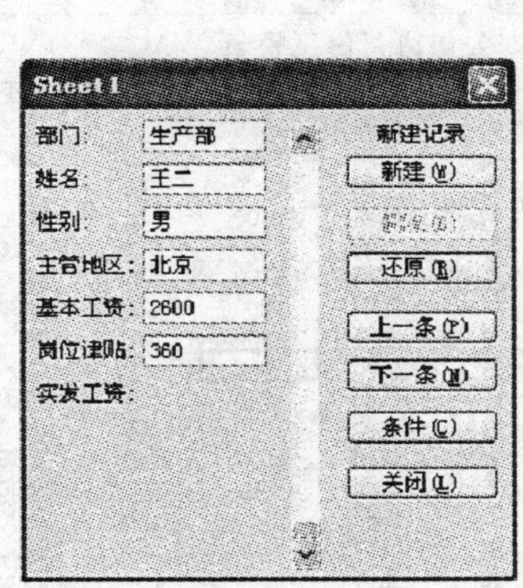

图 5-53　【Sheet1】对话框

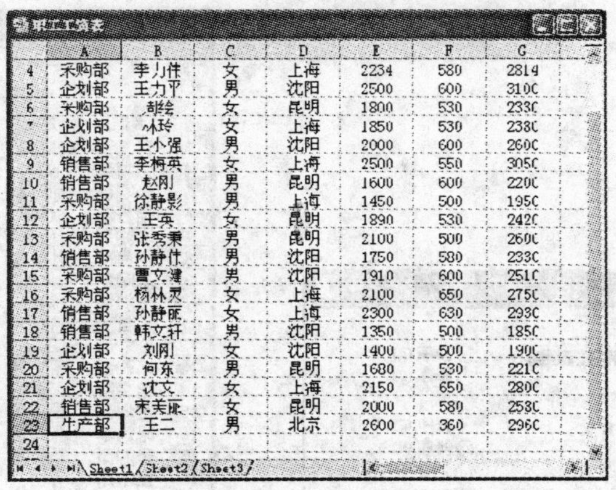

	A	B	C	D	E	F	G
4	采购部	李小佳	女	上海	2234	580	2814
5	企划部	王力平	男	沈阳	2500	600	3100
6	采购部	胡绘	女	昆明	1800	530	2330
7	企划部	冰玲	女	上海	1850	530	2380
8	企划部	王小强	男	沈阳	2000	600	2600
9	销售部	李梅英	女	上海	2500	550	3050
10	销售部	赵刚	男	昆明	1600	600	2200
11	采购部	徐静影	男	上海	1450	500	1950
12	企划部	王英	女	昆明	1890	530	2420
13	采购部	张秀秉	男	昆明	2100	500	2600
14	销售部	孙静佳	男	沈阳	1750	580	2330
15	采购部	曹文建	男	沈阳	1910	600	2510
16	采购部	杨林灵	女	上海	2100	650	2750
17	销售部	孙静丽	女	上海	2300	630	2930
18	销售部	韩文轩	男	沈阳	1350	500	1850
19	企划部	刘刚	女	沈阳	1400	500	1900
20	采购部	何东	男	昆明	1680	530	2210
21	企划部	沈文	女	上海	2150	650	2800
22	销售部	宋美丽	女	昆明	2000	580	2580
23	生产部	王二	男	北京	2600	360	2960
24							

图 5-54　新增记录后的效果

步骤 3:接着使用“记录单”功能查询满足条件的记录。将光标定位在数据清单中任意一个单元格内,执行【格式】|【记录单】命令,弹出【Sheet1】对话框,单击【条件】按钮,然后在【部门】右侧文本框中输入“销售部”,在【基本工资】右侧的文本框中输入“>2000”,如图 5-55 所示,然后单击【上一条】和【下一条】按钮,即可看到在销售部并且基本工资在 2000 元以上的记录,满足条件的记录有两项,如图 5-56 所示。

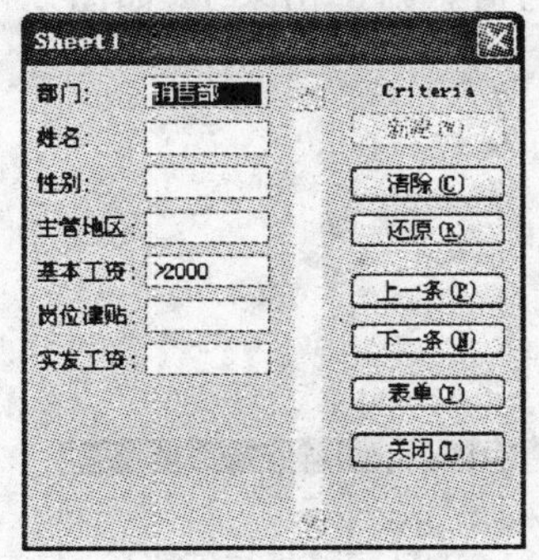

图 5-55　输入查询条件

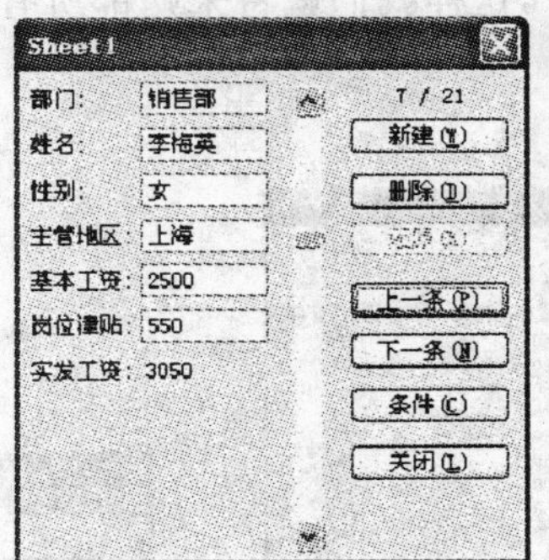

图 5-56　满足条件的记录

2. 对数据进行排序

将光标定位在工作表的任意单元格内,执行【数据】|【排序】命令,弹出【排序】对话框,将【主要关键字】设置为“实发工资”,【次要关键字】设置为“基本工资”,如图 5-57 所示,单击【确定】按钮后,即可看到“实发工资”从低到高进行排序,如图 5-58 所示。

3. 自动筛选

步骤 1:将光标定位在工作表的任意单元格内,执行【数据】|【筛选】|【自动筛选】命令,这时会发现每个字段名右侧多了一个下拉箭头,如图 5-59 所示。单击对应字段的下拉箭头,选

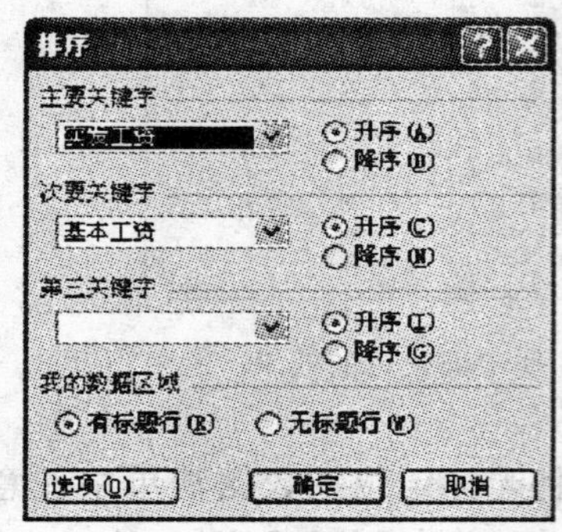

图 5－57　【排序】对话框

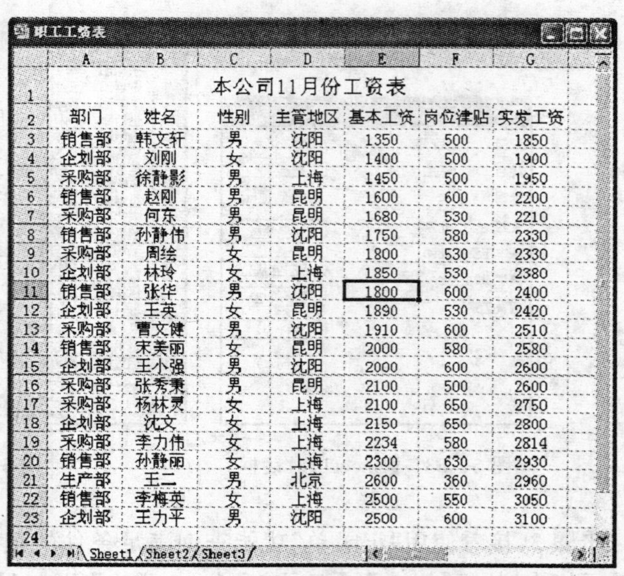

职工工资表

本公司11月份工资表

	部门	姓名	性别	主管地区	基本工资	岗位津贴	实发工资
3	销售部	韩文轩	男	沈阳	1350	500	1850
4	企划部	刘刚	女	沈阳	1400	500	1900
5	采购部	徐静影	男	上海	1450	500	1950
6	销售部	赵刚	男	昆明	1600	600	2200
7	采购部	何东	男	昆明	1680	530	2210
8	销售部	孙静伟	男	沈阳	1750	580	2330
9	采购部	周绘	女	昆明	1800	530	2330
10	企划部	林玲	女	上海	1850	530	2380
11	销售部	张华	男	沈阳	1800	600	2400
12	企划部	王英	女	昆明	1890	530	2420
13	采购部	曹文健	男	沈阳	1910	600	2510
14	销售部	宋美丽	女	昆明	2000	580	2580
15	企划部	王小强	男	沈阳	2000	600	2600
16	采购部	张秀秉	男	昆明	2100	500	2600
17	采购部	杨林灵	女	上海	2100	650	2750
18	企划部	沈文	女	上海	2150	650	2800
19	采购部	李力伟	女	上海	2234	580	2814
20	销售部	孙静丽	女	上海	2300	630	2930
21	生产部	王二	男	北京	2600	360	2960
22	销售部	李梅英	女	上海	2500	550	3050
23	企划部	王力平	男	沈阳	2500	600	3100

Sheet1 / Sheet2 / Sheet3

图 5－58　"实发工资"排序后的效果

择需要的选项就可以进行自动筛选。

步骤 2:如果要查看"采购部"所有员工的信息,就可以单击【部门】右侧的下拉箭头,在弹出的下拉列表中选择"采购部",这样我们就将采购部所有员工的信息筛选出来了,如图 5－60 所示。

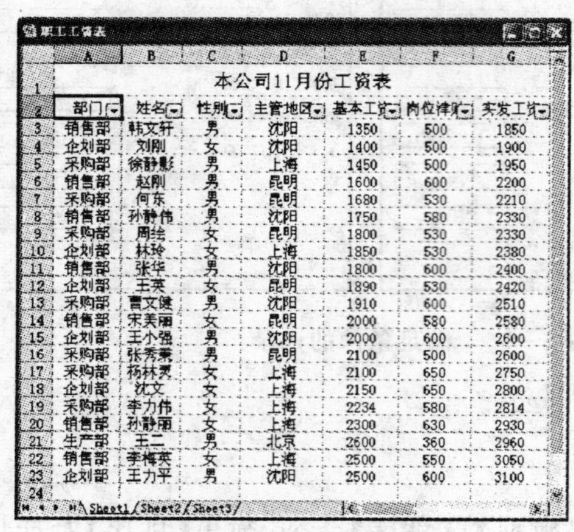

职工工资表

本公司11月份工资表

	部门	姓名	性别	主管地区	基本工	岗位津	实发工
3	销售部	韩文轩	男	沈阳	1350	500	1850
4	企划部	刘刚	女	沈阳	1400	500	1900
5	采购部	徐静影	男	上海	1450	500	1950
6	销售部	赵刚	男	昆明	1600	600	2200
7	采购部	何东	男	昆明	1680	530	2210
8	销售部	孙静伟	男	沈阳	1750	580	2330
9	采购部	周绘	女	昆明	1800	530	2330
10	企划部	林玲	女	上海	1850	530	2380
11	销售部	张华	男	沈阳	1800	600	2400
12	企划部	王英	女	昆明	1890	530	2420
13	采购部	曹文健	男	沈阳	1910	600	2510
14	销售部	宋美丽	女	昆明	2000	580	2580
15	企划部	王小强	男	沈阳	2000	600	2600
16	采购部	张秀秉	男	昆明	2100	500	2600
17	采购部	杨林灵	女	上海	2100	650	2750
18	企划部	沈文	女	上海	2150	650	2800
19	采购部	李力伟	女	上海	2234	580	2814
20	销售部	孙静丽	女	上海	2300	630	2930
21	生产部	王二	男	北京	2600	360	2960
22	销售部	李梅英	女	上海	2500	550	3050
23	企划部	王力平	男	沈阳	2500	600	3100

Sheet1 / Sheet2 / Sheet3

图 5－59　自动筛选

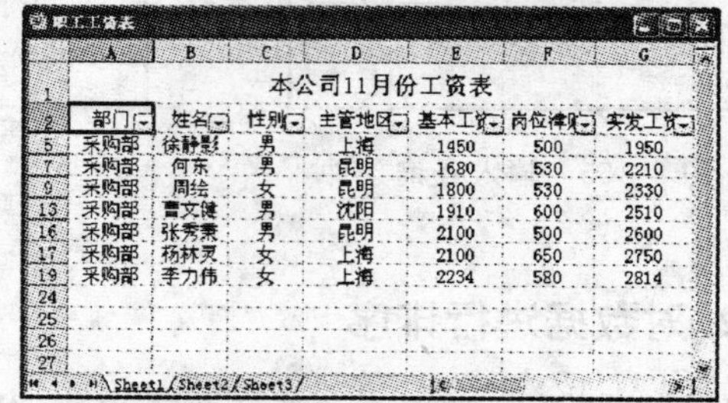

职工工资表

本公司11月份工资表

	部门	姓名	性别	主管地区	基本工	岗位津	实发工
5	采购部	徐静影	男	上海	1450	500	1950
7	采购部	何东	男	昆明	1680	530	2210
9	采购部	周绘	女	昆明	1800	530	2330
13	采购部	曹文健	男	沈阳	1910	600	2510
16	采购部	张秀秉	男	昆明	2100	500	2600
17	采购部	杨林灵	女	上海	2100	650	2750
19	采购部	李力伟	女	上海	2234	580	2814

Sheet1 / Sheet2 / Sheet3

图 5－60　筛选采购部所有员工

步骤 3:如果要查看"采购部"主管"昆明"地区的所有员工信息,可以再单击【主管地区】右侧的下拉箭头,在弹出的下拉列表中选择"昆明",这样我们就将负责昆明地区采购部所有员工的信息筛选出来了,如图 5－61 所示。

4. 高级筛选

这次要求将“销售部”基本工资在 2000 元和 2000 元以上的员工筛选出来。

步骤 1：执行【数据】|【筛选】|【自动筛选】命令，撤销上一步的自动筛选，还原到自动筛选前的状态，在空白位置输入筛选条件，如图 5－62 所示。

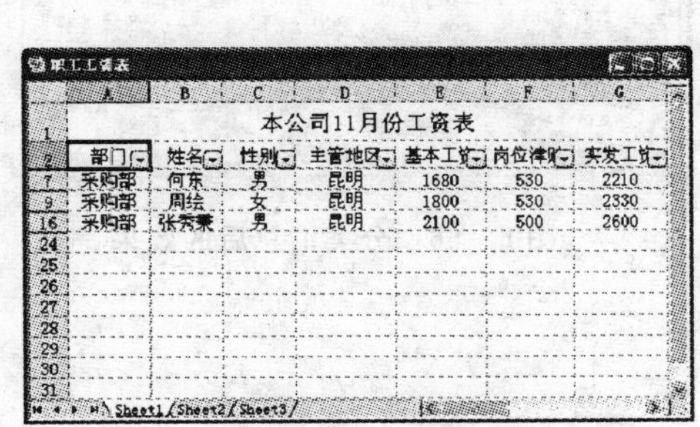

	A	B	C	D	E	F	G
1	本公司11月份工资表						
2	部门	姓名	性别	主管地区	基本工资	岗位津贴	实发工资
7	采购部	何东	男	昆明	1680	530	2210
9	采购部	周绘	女	昆明	1800	530	2330
16	采购部	张秀秉	男	昆明	2100	500	2600

图 5－61　筛选负责昆明的采购部员工

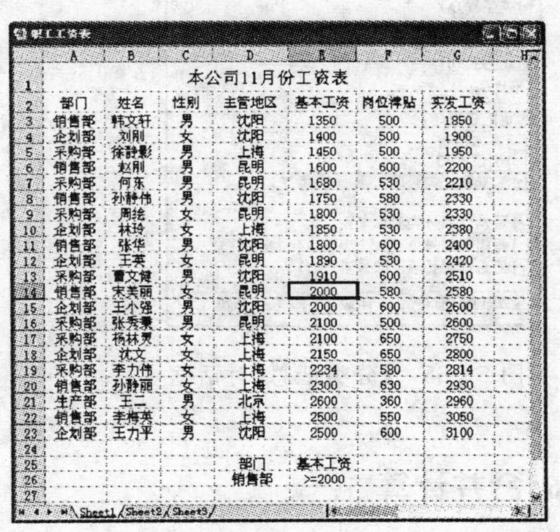

	A	B	C	D	E	F	G
1	本公司11月份工资表						
2	部门	姓名	性别	主管地区	基本工资	岗位津贴	实发工资
3	销售部	韩文轩	男	沈阳	1350	500	1850
4	企划部	刘刚	女	沈阳	1400	500	1900
5	采购部	徐静影	男	上海	1450	500	1950
6	销售部	赵刚	男	昆明	1600	600	2200
7	采购部	何东	男	昆明	1680	530	2210
8	销售部	孙静伟	男	沈阳	1750	580	2330
9	采购部	周绘	女	昆明	1800	530	2330
10	企划部	林玲	女	上海	1850	530	2380
11	销售部	张华	男	沈阳	1800	600	2400
12	企划部	王英	女	昆明	1890	530	2420
13	采购部	曹文健	男	沈阳	1910	600	2510
14	销售部	宋美丽	女	昆明	2000	580	2580
15	企划部	王小强	男	沈阳	2000	600	2600
16	采购部	张秀秉	男	昆明	2100	500	2600
17	采购部	杨林灵	女	上海	2100	650	2750
18	企划部	沈文	女	上海	2150	650	2800
19	采购部	李力伟	女	上海	2234	580	2814
20	销售部	孙静丽	女	上海	2300	630	2930
21	生产部	王二	男	北京	2600	360	2960
22	销售部	李梅英	女	上海	2500	550	3050
23	企划部	王力平	男	沈阳	2500	600	3100
24							
25				部门	基本工资		
26				销售部	>=2000		

图 5－62　输入筛选条件

步骤 2：将光标定位在工作中任意单元格内，执行【数据】|【筛选】|【高级筛选】命令，弹出【高级筛选】对话框，【方式】保持默认值，即将筛选结果显示在原工作表位置，将【列表区域】设置为“＄A＄2：＄G＄23”，将【条件区域】设置为“＄D＄25：＄E＄26”，如图 5－63 所示。最后单击【确定】按钮，即可看到筛选后的效果，如图 5－64 所示。

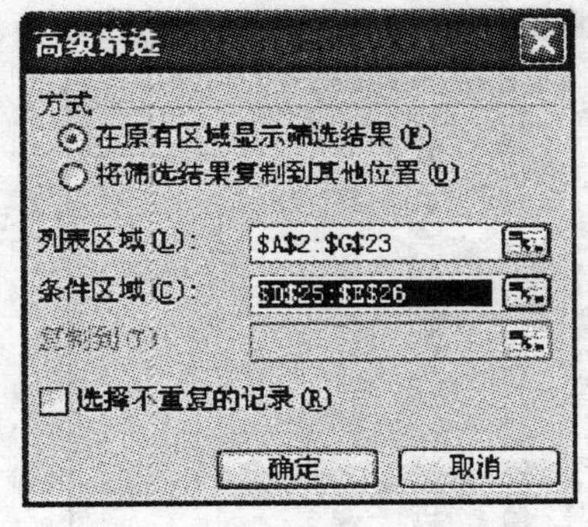

图 5－63　【高级筛选】对话框

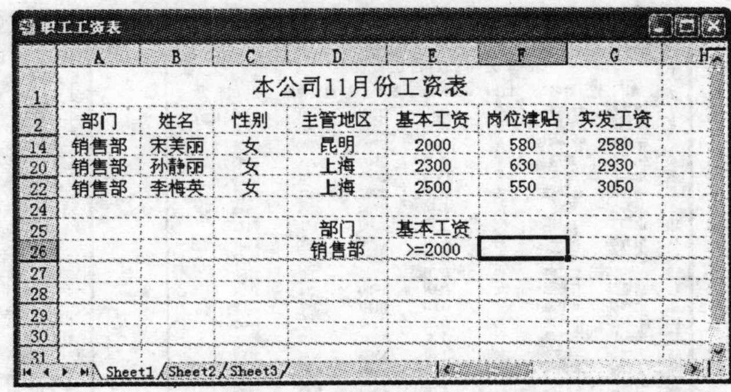

	A	B	C	D	E	F	G
1	本公司11月份工资表						
2	部门	姓名	性别	主管地区	基本工资	岗位津贴	实发工资
14	销售部	宋美丽	女	昆明	2000	580	2580
20	销售部	孙静丽	女	上海	2300	630	2930
22	销售部	李梅英	女	上海	2500	550	3050
24							
25				部门	基本工资		
26				销售部	>=2000		

图 5－64　高级筛选后的效果

5. 数据分类汇总

步骤 1：执行【数据】|【筛选】|【全部显示】命令，显示筛选前的所有员工记录。

步骤 2：将光标定位在工作内任意位置，执行【数据】|【分类汇总】命令，弹出【分类汇总】对

话框，将【分类字段】设置为“部门”，将【汇总方式】设置为“平均值”，将【选定汇总项】设置为“实发工资”，如图 5－65 所示。单击【确定】按钮后得到如图 5－66 所示的效果。

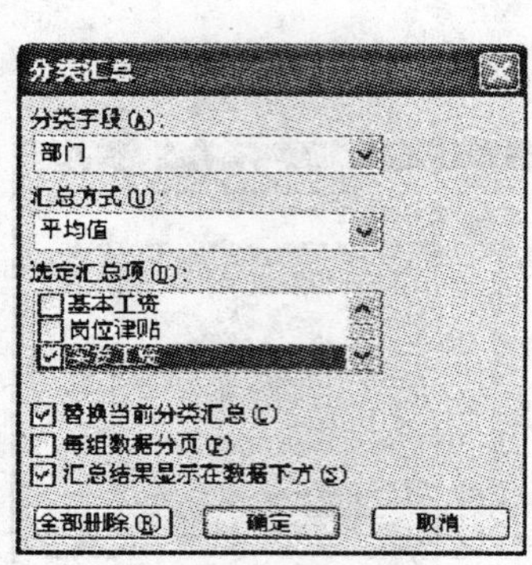

图 5－65　【分类汇总】对话框

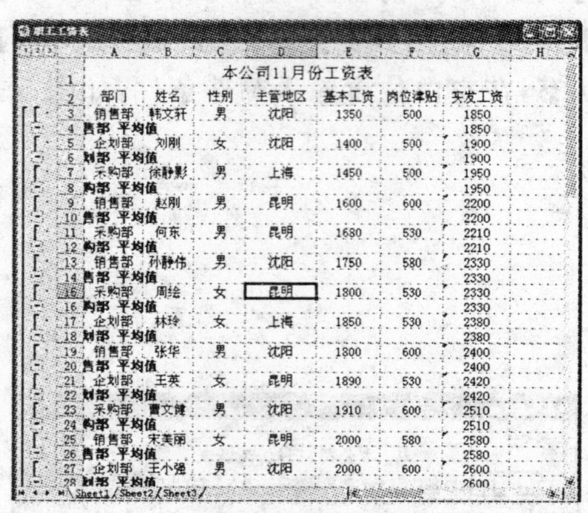

	A	B	C	D	E	F	G
1	本公司11月份工资表						
2	部门	姓名	性别	主管地区	基本工资	岗位津贴	实发工资
3	销售部	韩文轩	男	沈阳	1350	500	1850
4	售部 平均值						1850
5	企划部	刘刚	女	沈阳	1400	500	1900
6	划部 平均值						1900
7	采购部	徐静影	男	上海	1450	500	1950
8	购部 平均值						1950
9	销售部	赵刚	男	昆明	1600	600	2200
10	售部 平均值						2200
11	采购部	何东	男	昆明	1680	530	2210
12	购部 平均值						2210
13	销售部	孙静伟	男	沈阳	1750	580	2330
14	售部 平均值						2330
15	采购部	周绘	女	昆明	1800	530	2330
16	购部 平均值						2330
17	企划部	林玲	女	上海	1850	530	2380
18	划部 平均值						2380
19	销售部	张华	男	沈阳	1800	600	2400
20	售部 平均值						2400
21	企划部	王英	女	昆明	1890	530	2420
22	划部 平均值						2420
23	采购部	曹文健	男	沈阳	1910	600	2510
24	购部 平均值						2510
25	销售部	宋美丽	女	昆明	2000	580	2580
26	售部 平均值						2580
27	企划部	王小强	男	沈阳	2000	600	2600
28	划部 平均值						2600

图 5－66　分类汇总后的效果

6. 合并计算

步骤 1：将光标定位在工作表内，在如图 5－65 所示的【分类汇总】对话框单击【全部删除】按钮，撤销分类汇总。

步骤 2：将 Sheet1 工作表的内容复制到 Sheet2 工作表内，根据实际情况修改员工 12 月份的“基本工资”、“岗位津贴”和“实发工资”，如图 5－67 所示。

步骤 3：将 Sheet1 工作表的内容复制到 Sheet3 工作表内，将“基本工资”、“岗位津贴”和“实发工资”的数据全部删除，得到的效果如图 5－68 所示。

	A	B	C	D	E	F	G
1	本公司12月份工资表						
2	部门	姓名	性别	主管地区	基本工资	岗位津贴	实发工资
3	销售部	韩文轩	男	沈阳	2000	450	2450
4	企划部	刘刚	女	沈阳	2434	360	2794
5	采购部	徐静影	男	上海	2700	635	3335
6	销售部	赵刚	男	昆明	2000	893	2893
7	采购部	何东	男	昆明	2050	578	2628
8	销售部	孙静伟	男	沈阳	2200	687	2887
9	采购部	周绘	女	昆明	2700	259	2959
10	企划部	林玲	女	上海	1800	672	2472
11	销售部	张华	男	沈阳	1650	348	1998
12	企划部	王英	女	昆明	2090	953	3043
13	采购部	曹文健	男	沈阳	2300	358	2658
14	销售部	宋美丽	女	昆明	1950	634	2584
15	企划部	王小强	男	沈阳	2110	358	2468
16	采购部	张秀秉	男	昆明	2300	752	3052
17	采购部	杨林灵	女	上海	2500	359	2859
18	企划部	沈文	女	上海	1550	600	2150
19	采购部	李力伟	女	上海	1600	400	2000
20	销售部	孙静丽	女	上海	1880	600	2480
21	生产部	王二	男	北京	2350	700	3050
22	销售部	李梅英	女	上海	2200	630	2830
23	企划部	王力平	男	沈阳	2600	360	2960
24							

图 5－67　Sheet2 工作表的效果

	A	B	C	D	E	F	G
1	本公司11、12月份平均工资						
2	部门	姓名	性别	主管地区	基本工资	岗位津贴	实发工资
3	销售部	韩文轩	男	沈阳			
4	企划部	刘刚	女	沈阳			
5	采购部	徐静影	男	上海			
6	销售部	赵刚	男	昆明			
7	采购部	何东	男	昆明			
8	销售部	孙静伟	男	沈阳			
9	采购部	周绘	女	昆明			
10	企划部	林玲	女	上海			
11	销售部	张华	男	沈阳			
12	企划部	王英	女	昆明			
13	采购部	曹文健	男	沈阳			
14	销售部	宋美丽	女	昆明			
15	企划部	王小强	男	沈阳			
16	采购部	张秀秉	男	昆明			
17	采购部	杨林灵	女	上海			
18	企划部	沈文	女	上海			
19	采购部	李力伟	女	上海			
20	销售部	孙静丽	女	上海			
21	生产部	王二	男	北京			
22	销售部	李梅英	女	上海			
23	企划部	王力平	男	沈阳			
24							

图 5－68　Sheet3 工作表的效果

步骤 4：将光标定位在 E3 单元格内，执行【数据】|【合并计算】命令，弹出【合并计算】对话框，将【函数】设置为“平均值”，单击按钮，切换到 Sheet1 中选择所有的数据区域，再次单击

按钮，返回到【合并计算】对话框，单击【添加】按钮，再用相同的方法将 Sheet2 工作表中的所有数据区域也添加进来，得到的效果如图 5－69 所示。单击【确定】按钮后得到的效果如图 5－70 所示。

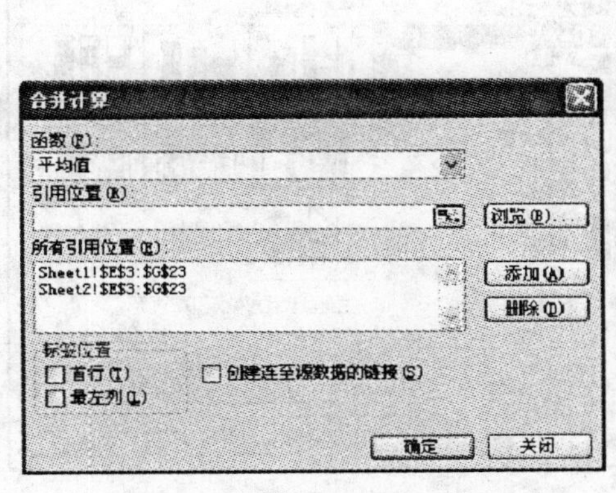

图 5－69 设置合并计算的引用位置

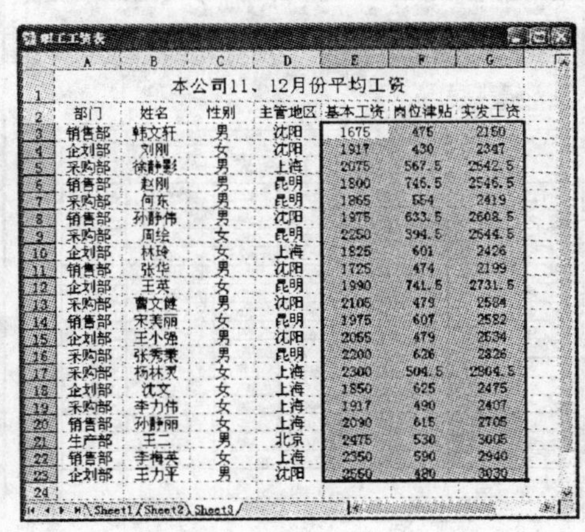

本公司11、12月份平均工资

部门	姓名	性别	主管地区	基本工资	岗位津贴	实发工资
销售部	韩文轩	男	沈阳	1675	475	2150
企划部	刘刚	女	沈阳	1917	430	2347
采购部	徐静影	男	上海	2075	567.5	2642.5
销售部	赵刚	男	昆明	1800	746.5	2546.5
采购部	何东	男	昆明	1865	554	2419
销售部	孙静伟	男	沈阳	1975	633.5	2608.5
采购部	周绘	女	昆明	2250	394.5	2644.5
企划部	林玲	女	上海	1825	601	2426
销售部	张华	男	沈阳	1725	474	2199
企划部	王英	女	昆明	1990	741.5	2731.5
采购部	曹文健	男	沈阳	2105	479	2584
销售部	宋美丽	女	昆明	1975	607	2582
企划部	王小强	男	沈阳	2055	479	2534
采购部	张秀荣	男	昆明	2200	626	2826
采购部	杨林灵	女	上海	2300	504.5	2804.5
企划部	沈文	女	上海	1850	625	2475
采购部	李力伟	女	上海	1917	490	2407
销售部	孙静丽	女	上海	2090	615	2705
生产部	王二	男	北京	2475	530	3005
销售部	李梅英	女	上海	2350	590	2940
企划部	王力平	男	沈阳	2550	480	3030

图 5－70 合并计算后的效果

通过“合并计算”命令，就将 11、12 月份员工的“基本工资”、“岗位津贴”和“实发工资”的平均值自动计算出来了，既方便又快捷。

五、创建数据图表

(一)实训要点

- ◆ 使用“图表向导”创建图表
- ◆ 编辑图表
- ◆ 图表对象的格式化设置

(二)实训目的

根据给定的员工工资表，创建一个员工“实发工资”的三维簇状柱形图。

(三)实训内容

本实训学习使用“图表向导”创建图表的方法，对图表进行编辑及格式化设置。本实例的最终效果如图 5－71 所示。

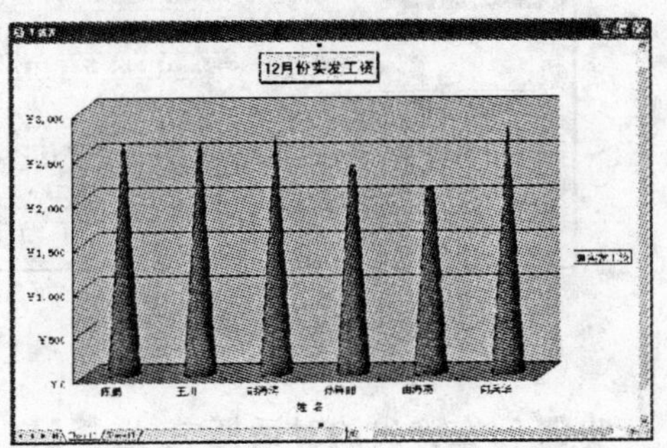

图 5－71 图表效果

1. 使用图表向导创建图表

步骤 1：打开前面制作完成的“工资表. xls”文件，单击 Sheet1 工作表，选中几个员工的姓名及实发工资，如图 5－72 所示。

步骤 2:单击【图表向导】按钮,弹出如图 5-73 所示的对话框,选择【三维簇状柱图】,然后单击【下一步】按钮。

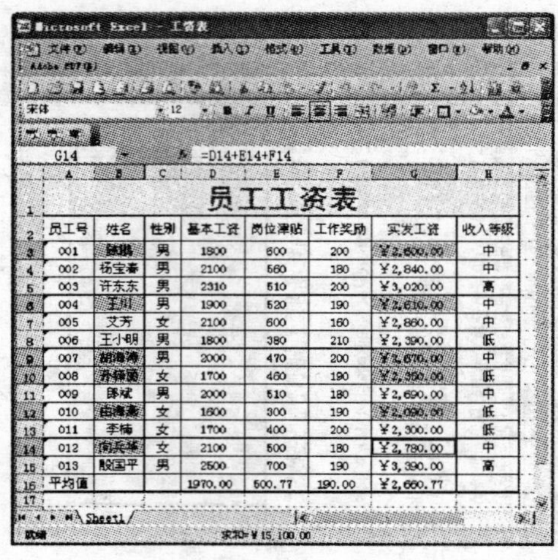

员工工资表

员工号	姓名	性别	基本工资	岗位津贴	工作奖励	实发工资	收入等级
001	[illegible]	男	1800	600	200	¥2,600.00	中
002	杨宝春	男	2100	560	180	¥2,840.00	中
003	许东东	男	2310	510	200	¥3,020.00	高
004	王川	男	1900	520	190	¥2,610.00	中
005	艾芳	女	2100	600	160	¥2,860.00	中
006	王小明	男	1800	380	210	¥2,390.00	低
007	胡海涛	男	2000	470	200	¥2,670.00	中
008	[illegible]	女	1700	460	190	¥2,350.00	低
009	郎斌	男	2000	510	180	¥2,690.00	中
010	由海燕	女	1600	300	190	¥2,090.00	低
011	李楠	女	1700	400	200	¥2,300.00	低
012	[illegible]	女	2100	500	180	¥2,780.00	中
013	殷国平	男	2500	700	190	¥3,390.00	高
平均值			1970.00	500.77	190.00	¥2,660.77	

图 5-72 选择数据区域

图 5-73 图表向导一

步骤 3:切换到【系列】选项卡中,选择【系列】为“实发工资”,如图 5-74 所示,单击【下一步】按钮。

步骤 4:切换到【标题】选项卡中,在【分类(X)轴】中输入“姓名”,如图 5-75 所示,单击【下一步】按钮。

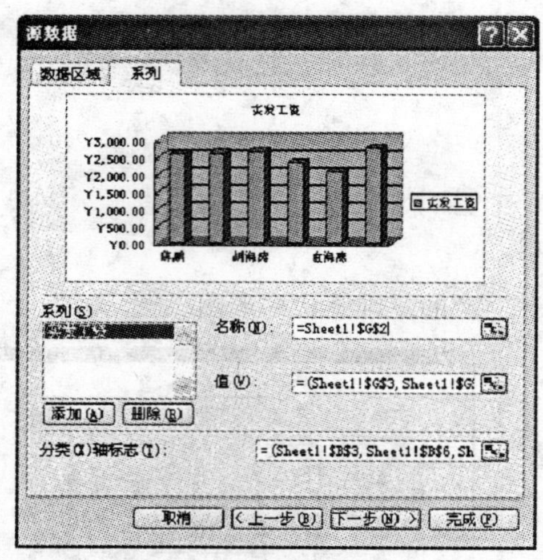

图 5-74 图表向导二

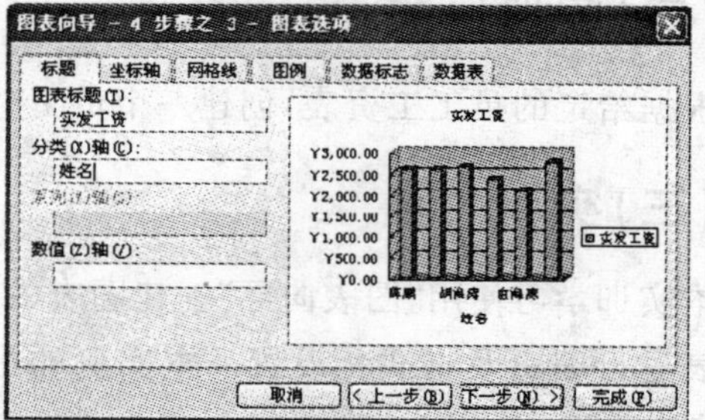

图 5-75 图表向导三

步骤 5:在弹出的对话框中,选择【嵌入工作表:Sheet1】,单击【完成】按钮,得到的柱状图如图 5-76 所示。

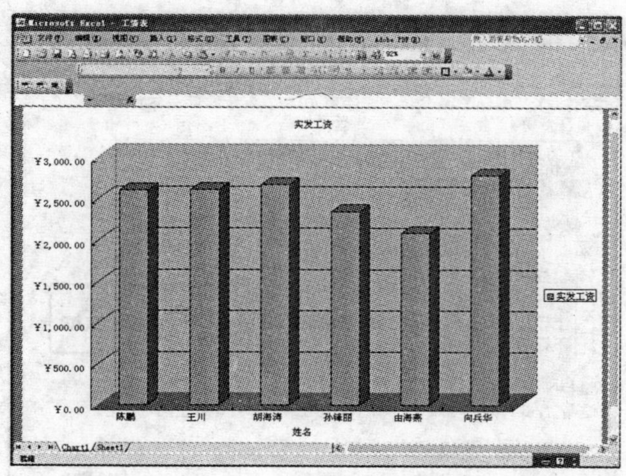

图 5－76　最后得到的柱状图

2. 编辑图表标题

步骤 1:单击图表标题“实发工资”,然后将光标定位在“实”的前面,输入“12 月份”。

步骤 2:双击图表标题,弹出【图表标题格式】对话框,如图 5－77 左图所示。在【图案】选项卡中,将【边框】的【颜色】设置为“红色”,可以根据需要设置边框的粗细,然后单击【填充效果】按钮,弹出【填充效果】对话框,如图 5－77 右图所示。切换到【纹理】选项卡下,将【纹理】设置为“羊皮纸”,最后单击【确定】按钮。

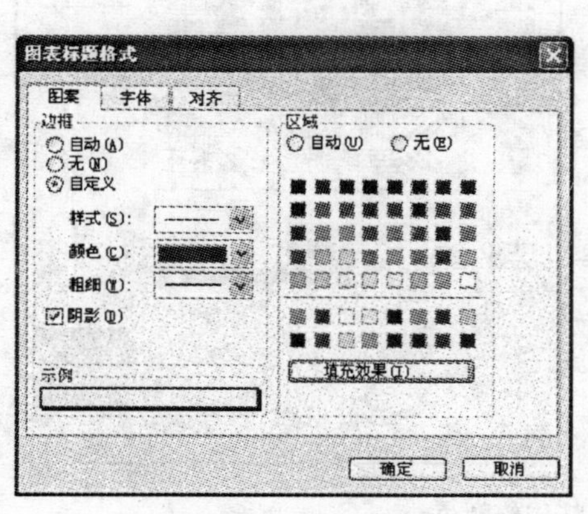

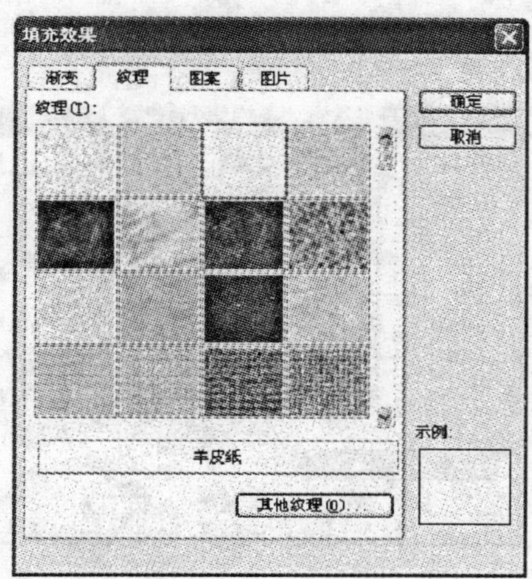

图 5－77　设置图表标题的边框和底纹

步骤 3:在【图表标题格式】对话框中,切换到【字体】选项卡,将【字体】设置为“黑体”,【字号】设置为“18”,如图 5－78 所示。

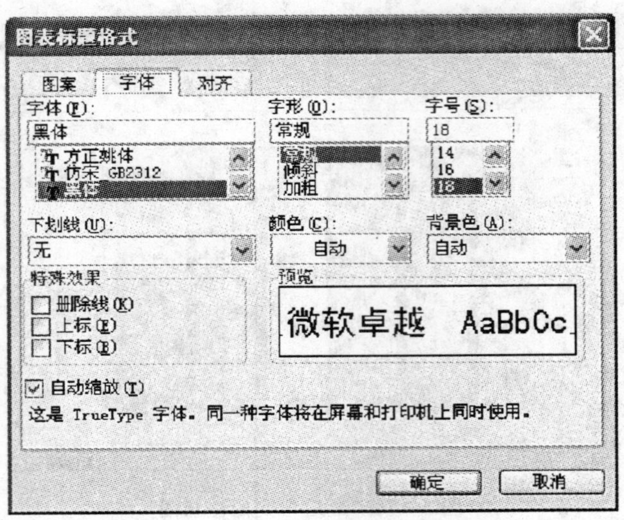

图 5-78　设置图表标题的字体和字号

3. 改变柱体形状及图案

步骤 1:双击任意一个柱体,弹出【数据系列格式】对话框,如图 5-79 左图所示。单击【填充效果】按钮,弹出【填充效果】对话框,如图 5-79 右图所示。将【前景】的颜色设置为“黄色”,将【背景】的颜色设置为“蓝色”,然后单击【确定】按钮。

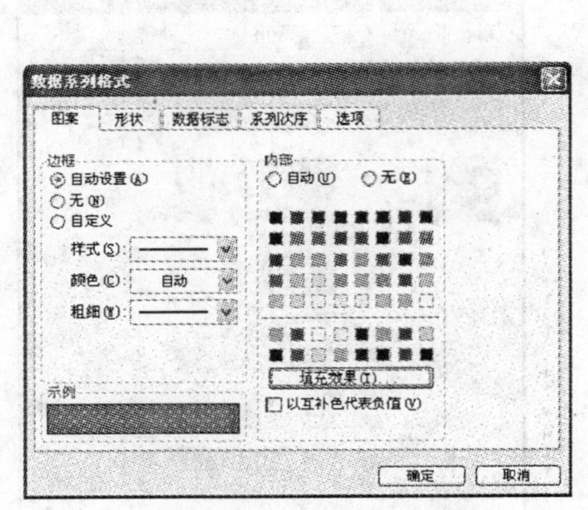

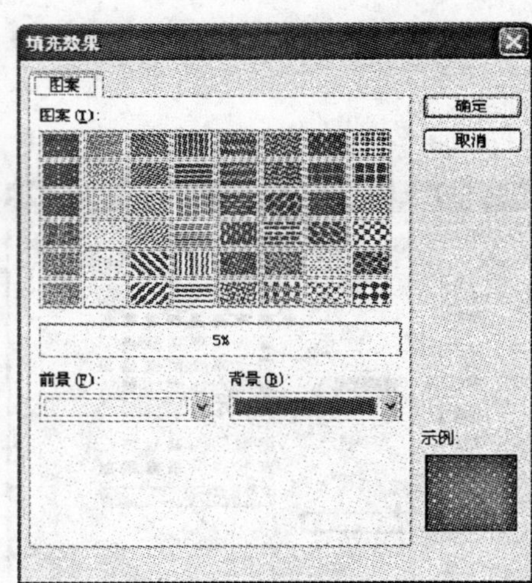

图 5-79　设置柱体的颜色

步骤 2:在【数据系列格式】对话框中,切换到【形状】选项卡下,将【柱体形状】设置为最后一种圆锥体,如图 5-80 所示,然后单击【确定】按钮。

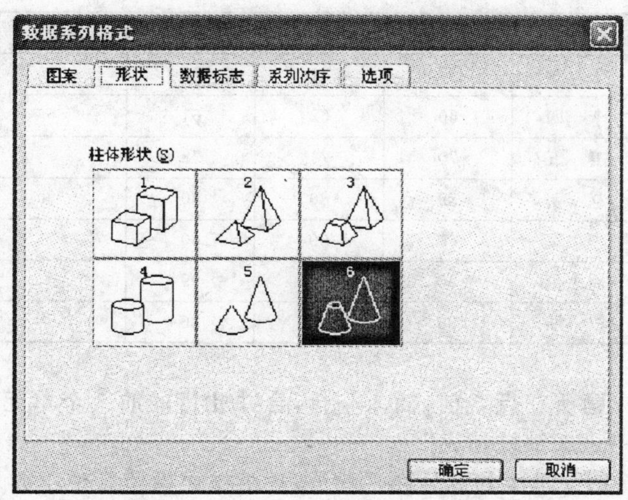

图 5-80　改变柱体的形状

4. 设置数轴

步骤：双击数轴上的任意一个数值，弹出【坐标轴格式】对话框，切换到【数字】选项卡，将【小数位数】设置为"0"，如图 5-81 所示。然后单击【确定】按钮，得到最终的效果如图 5-82 所示。

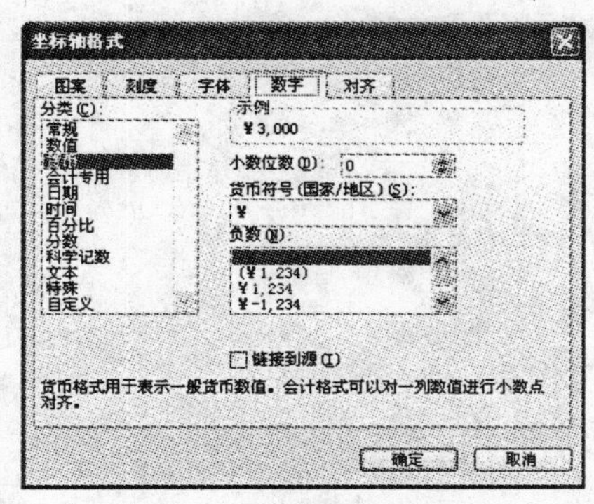

图 5-81　设置数值轴上数值的小数位数

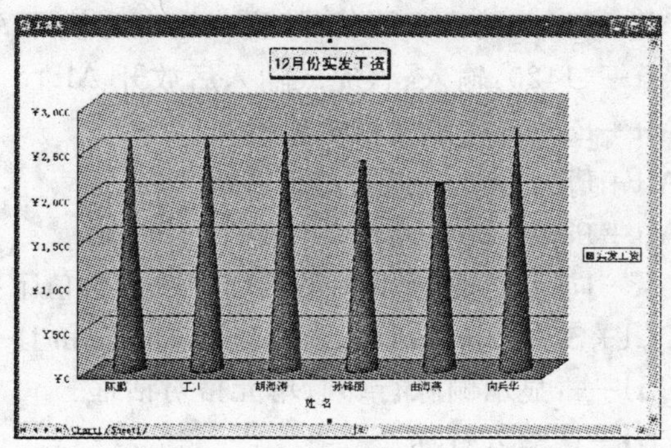

图 5-82　调节图表后的最终效果

使用相同的方法，还可以调整背景墙、图表区和图例等的相同属性，大家可以试着去调。

六、上机任务

启动 Excel 创建名为"成绩表. xls"的空白工作簿，按要求完成下列操作：

(1)将 Sheet1 工作表更名为"成绩统计"。

(2)在"成绩统计"工作表中，从 A1 单元格开始，输入表 5-1 中的数据。

表 5－1 成绩表

学 号	姓 名	英语	计算机	高等数学	总分	平均分
0805001	张 三	80	81	82		
0805002	李 四	60	62	61		
0805003	王 五	70	71	78		
0805004	赵 明	89	80	80		
0805005	李 军	60	60	60		
0805006	周杰伦	90	90	99		
0805007	白 洁	80	80	80		

(3)在表格的列标题所在行之前，插入一行，合并此行的前 7 个单元格，输入表格的标题“08 级网络工程本科一班成绩统计表”。

(4)使用函数计算每个学生的总分和平均分，要求结果保留 2 位小数。

(5)将表格内的数据字体设置为“10”号，水平居中。

(6)设置表格外围的边框为“双线”，颜色为红色，内边框为“单线”，颜色为蓝色。

附 Excel 技巧精选

(一) Excel 快捷键

Alt＋′：显示“样式”对话框

Alt＋＝：用 SUM 函数插入“自动求和”公式

Alt＋0165：输入日圆符号(完成输入后放开 Alt，Word 中也可)

Alt＋41420：输入√(完成输入后放开 Alt)

Alt＋Enter：在单元格中换行

Alt＋PageDown：向右移动一屏

Alt＋PageUp：向左移动一屏

Alt＋向下键：显示清单的当前列中的数值下拉列表

Ctrl＋Shift＋PageUp：选中当前工作表和上一张工作表

Ctrl＋-：显示删除行、列、单元格对话框

Ctrl＋；：输入日期

Ctrl＋[：选取由选中区域的公式直接引用的所有单元格

Ctrl＋]：选取包含直接引用活动单元格的公式的单元格

Ctrl＋＋：显示插入行、列、单元格对话框

Ctrl＋0：隐藏选中单元格或区域所在的列

Ctrl＋1：显示“单元格格式”对话框

Ctrl＋5：应用或取消删除线

Ctrl＋6：在隐藏对象，显示对象和显示对象占位符之间切换

Ctrl＋9：隐藏选中单元格或区域所在的行

Ctrl＋A：选中整张工作表

Ctrl＋Alt＋向右键:在不相邻的选中区域中,向右切换到下一个选中区域

Ctrl＋Alt＋向左键:向左切换到下一个不相邻的选中区域

Ctrl＋B:应用或取消加粗格式

Ctrl＋C,再 Ctrl＋C:显示 Microft Office 剪贴板(多项复制和粘贴)

Ctrl＋D:向下填充

Ctrl＋Delete:删除插入点到行末的文本

Ctrl＋End:移动到工作表的最后一个单元格,该单元格位于数据所占用的最右列的最下行中

Ctrl＋Enter:用当前输入项填充选中的单元格区域

Ctrl＋F3:定义名称

Ctrl＋Home:移动到工作表的开头

Ctrl＋I:应用或取消字体倾斜格式

Ctrl＋K:插入超链接

Ctrl＋PageDown:开始一条新的空白记录

Ctrl＋PageDown:取消选中多张工作表

Ctrl＋PageDown:移动到工作簿中的下一张工作表

Ctrl＋PageUp:移动到工作簿中的上一张工作表或选中其他工作表

Ctrl＋P 或 Ctrl＋Shift＋F12:显示“打印”对话框

Ctrl＋R:向右填充

Ctrl＋Shift＋!:应用带两位小数位,使用千位分隔符且负数用负号(-)表示的“数字”格式

Ctrl＋Shift＋#:应用含年、月、日的“日期”格式

Ctrl＋Shift＋$:应用带两个小数位的“货币”格式(负数在括号内)

Ctrl＋Shift＋%:应用不带小数位的“百分比”格式

Ctrl＋Shift＋&:对选中单元格应用外边框

Ctrl＋Shift＋):取消选中区域内的所有隐藏列的隐藏状态

Ctrl＋Shift＋*:选中活动单元格周围的当前区域(包围在空行和空列中的数据区域),在数据透视表中,选中整个数据透视表

Ctrl＋Shift＋::插入时间

Ctrl＋Shift＋@:应用含小时和分钟并标明上午或下午的“时间”格式

Ctrl＋Shift＋^:应用带两位小数位的“科学记数”数字格式

Ctrl＋Shift＋_:取消选中单元格的外边框

Ctrl＋Shift＋{:选取由选中区域中的公式直接或间接引用的所有单元格

Ctrl＋Shift＋}:选取包含直接或间接引用单元格的公式的单元格

Ctrl＋Shift＋~:应用“常规”数字格式

Ctrl＋Shift＋＋:插入空白单元格

Ctrl＋Shift＋Z:显示“自动更正”智能标记时,撤消或恢复上次的自动更正

Ctrl＋Shift＋:选中含在批注的所有单元格

Ctrl＋U:应用或取消下划线

Ctrl＋V:粘贴复制的单元格

Ctrl＋X：剪切选中的单元格

Ctrl＋空格：选中整列

Ctrl＋向上键或＋向左键(打印预览)：缩小显示时，滚动到第一页

Ctrl＋向下键或＋向右键(打印预览)：缩小显示时，滚动到最后一页

End：移动到窗口右下角的单元格

End＋箭头键：在一行或一列内以数据块为单位移动

F2：关闭了单元格的编辑状态后，将插入点移动到编辑栏内

F3：将定义的名称粘贴到公式中

F4 或 Ctrl＋Y：重复上一次操作

F5：显示“定位”对话框

F6：切换到被拆分的工作表中的下一个窗格

F7：显示“拼写检查”对话框

F9：计算所有打开的工作簿中的所有工作表

Home：移动到行首或窗口左上角的单元格

PageDown：移动到前 10 条记录的同一字段

Shift＋Ctrl＋PageDown：选中当前工作表和下一张工作表

Shift＋F11 或 ALT＋Shift＋F1：插入新工作表

Shift＋F2：编辑单元格批注

Shift＋F3：在公式中，显示“插入函数”对话框

Shift＋F4：重复上一次查找操作

Shift＋F5：显示“查找”对话框

Shift＋F6：切换到被拆分的工作表中的上一个窗格

Shift＋F9：计算活动工作表

Shift＋空格：选中整行(英文输入法状态才能实现)

(二)操作技巧

1. 分数输入方法

如果直接输入“1/5”，系统会将其变为“1 月 5 日”，解决办法是：先输入“0”，然后输入空格，再输入分数“1/5”。

2. 序列“001”的输入

如果直接输入“001”，系统会自动判断 001 为数据 1，解决办法是：首先输入“'”(西文单引号)，然后输入“001”。

3. 日期快捷输入

如果要输入“4 月 5 日”，直接输入“4/5”，再敲回车就行了。如果要输入当前日期，按一组合键“Ctrl＋；”即可。

4. 填充条纹

如要在工作簿中加入漂亮的横条纹，可以利用对齐方式中的“填充”功能实现。先在一单元格内填入“＊”或“～”等符号，然后单击此单元格，向右拖动鼠标，选中横向若干单元格，单击“格式”菜单，选中“单元格”命令，在弹出的“单元格格式”菜单中，选择“对齐”选项卡，在水平对齐下拉列表中选择“填充”，单击“确定”按钮。

5. 多张工作表中输入相同的内容

几个工作表中同一位置填入同一数据时，可以选中一张工作表，然后按住 Ctrl 键，再单击窗口左下角的 Sheet1、Sheet2……来直接选择需要输入相同内容的多个工作表，接着在其中的任意一个工作表中输入这些相同的数据，此时这些数据会自动出现在选中的其他工作表之中。输入完毕之后，再次按下键盘上的 Ctrl 键，然后使用鼠标左键单击所选择的多个工作表，解除这些工作表的联系。

6. 不连续单元格填充同一数据

选中一个单元格，按住 Ctrl 键，用鼠标单击其他单元格，就将这些单元格全部都选中了。在编辑区中输入数据，然后按住 Ctrl 键，同时敲一下回车，在所有选中的单元格中都出现了这一数据。

7. 在单元格中显示公式

如果工作表中的数据多数是由公式生成的，想要快速知道每个单元格中的公式形式，以便编辑修改，可以这样做：用鼠标左键单击“工具”菜单，选取“选项”命令，出现“选项”对话框，单击“视图”选项卡，接着设置“窗口选项”栏下的“公式”项有效，单击“确定”按钮。这时每个单元格中的分工就显示出来了。如果想恢复公式计算结果的显示，反向操作即可。

8. 利用 Ctrl＋* 选取文本

如果一个工作表中有很多数据表格时，可以通过选定表格中某个单元格，然后按下 Ctrl＋＊键可选定整个表格。Ctrl＋＊选定的区域为：根据选定单元格向四周辐射所涉及到的有数据单元格的最大区域。这样我们可以方便准确地选取数据表格，并能有效避免使用拖动鼠标方法选取较大单元格区域时屏幕的乱滚现象。

9. 快速清除单元格的内容

如果要删除单元格中的内容和它的格式和批注，就不能简单地应用选定该单元格，然后按 Delete 键的方法了。要彻底清除单元格，可用以下方法：选定想要清除的单元格或单元格范围；单击“编辑”菜单中“清除”项中的“全部”命令，这些单元格就恢复了本来面目。

10. 合并单元格内容

根据需要，有时想把 B 列与 C 列的内容进行合并，如果行数较少，可以直接用“剪切”和“粘贴”来完成操作，但如果有几万行，就不能这样办了。

办法 1:在 C 行后插入一个空列(如果 D 列没有内容,就直接在 D 列操作),在 D1 中输入"＝B1&C1",D1 列的内容就是 B、C 两列的和了。选中 D1 单元格,用鼠标指向单元格右下角的小方块"■",当光标变成"＋"后,按住鼠标拖动光标向下拖到要合并的结尾行处,就完成了 B 列和 C 列的合并。这时先不要忙着把 B 列和 C 列删除,先要把 D 列的结果复制一下,再用"选择性粘贴"命令,将数据粘贴到一个空列上。这时再删掉 B、C、D 列的数据。

实例:用 AutoCAD 绘图时,有人习惯在 Excel 中存储坐标点,在绘制曲线时调用这些参数。存放数据格式为"X,Y"的形式,首先在 Excel 中输入坐标值,将 X 坐标值放入 A 列,Y 坐标值放入 B 列,然后利用"&"将 A 列和 B 列合并成 C 列,在 C1 中输入:＝A1&","&B1,此时 C1 中的数据形式就符合要求了,再用鼠标向下拖动 C1 单元格,完成对 A 列和 B 列的所有内容的合并。

办法 2:利用 Concatenate 函数。此函数的作用是将若干文字串合并到一个字串中,具体操作为"＝Concatenate(B1,C1)"。

实例:假设在某一河流生态调查工作表中,B2 包含"物种"、B3 包含"河鳟鱼",B7 包含总数 45,那么,输入"＝Concatenate("本次河流生态调查结果:",B2,"",B3,"为",B7,"条/千米。")"。计算的结果为"本次河流生态调查结果:河鳟鱼物种为 45 条/千米"。

11. 条件显示

我们知道,利用 If 函数,可以实现按照条件显示。一个常用的例子,就是教师在统计学生成绩时,希望输入 60 以下的分数时,能显示为"不及格";输入 60 以上的分数时,显示为"及格"。这样的效果,利用 If 函数可以很方便地实现。假设成绩在 A2 单元格中,判断结果在 A3 单元格中。那么在 A3 单元格中输入公式:"＝If(A2＜60,"不及格","及格")",同时,在 If 函数中还可以嵌套 If 函数或其他函数。

例如,如果输入"＝If(A2＜60,"不及格",If(A2＜＝90,"及格","优秀"))",就把成绩分成了 3 个等级。

如果输入"＝If(A2＜60,"差",If(A2＜＝70,"中",If(A2＜90,"良","优")))",就把成绩分为了 4 个等级。

再比如,公式:＝If(SUM(A1:A5＞0,SUM(A1:A5),0),此式就利用了嵌套函数,意思是,当 A1 至 A5 的和大于 0 时,返回这个值,如果小于 0,那么就返回 0。

提醒:以上的符号均为半角,而且 If 与括号之间也不能有空格。

12. 自定义格式

Excel 中预设了很多有用的数据格式,基本能够满足使用的要求,但对一些特殊的要求,如强调显示某些重要数据或信息、设置显示条件等,就要使用自定义格式功能来完成。Excel 的自定义格式使用下面的通用模型:正数格式、负数格式、零格式和文本格式。在这个通用模型中,包含 3 个数字段和一个文本段:大于零的数据使用正数格式;小于零的数据使用负数格式;等于零的数据使用零格式。输入单元格的正文使用文本格式。我们还可以通过使用条件测试,添加描述文本和使用颜色来扩展自定义格式通用模型的应用。

(1)使用颜色。要在自定义格式的某个段中设置颜色,只需在该段中增加用方括号括住的颜色名或颜色编号。Excel 识别的颜色名为:[黑色]、[红色]、[白色]、[蓝色]、[绿色]、[青色]

和[洋红]。Excel 也识别按[颜色 X]指定的颜色，其中 X 是 1 至 56 之间的数字，代表 56 种颜色。

(2)添加描述文本。要在输入数字数据之后自动添加文本(如度量衡单位)，使用自定义格式为："文本内容"@；要在输入数字数据之前自动添加文本，使用自定义格式为：@"文本内容"。@符号的位置决定了 Excel 输入的数字数据相对于添加文本的位置。

(3)创建条件格式。可以使用 6 种逻辑符号来设计一个条件格式：＞(大于)、＞＝(大于等于)、＜(小于)、＜＝(小于等于)、＝(等于)、＜＞(不等于)，如果你觉得这些符号不好记，就干脆使用"＞"或"＞＝"号来表示。

由于自定义格式中最多只有 3 个数字段，Excel 规定最多只能在前两个数字段中包括两个条件测试，满足某个测试条件的数字使用相应段中指定的格式，其余数字使用第 3 段格式。如果仅包含一个条件测试，则要根据不同的情况来具体分析。

自定义格式的通用模型相当于下式：[＞；0]正数格式；[＜；0]负数格式；零格式；文本格式。

实例 1：选中一列，然后单击【格式】菜单中的【单元格】命令，在弹出的对话框中选择"数字"选项卡，在"分类"列表中选择"自定义"，然后在【类型】文本框中输入""正数："(＄＃，＃＃0.00)；"负数："(＄＃，＃＃0.00)；"零"；"文本："@"，单击【确定】按钮，完成格式设置。这时如果我们输入"12"，就会在单元格中显示"正数：(＄12.00)"，如果输入"－0.3"，就会在单元格中显示"负数：(＄0.30)"，如果输入"0"，就会在单元格中显示"零"，如果输入文本"Thisisabook"，就会在单元格中显示文本："Thisisabook"。如果改变自定义格式的内容，"[红色]"正数："(＄＃，＃＃0.00)；[蓝色]"负数："(＄＃，＃＃0.00)；[黄色]"零"；"文本："@"，那么正数、负数、零将显示为不同的颜色。如果输入"[Blue]；[Red]；[Yellow]；[Green]"，那么正数、负数、零和文本将分别显示上面的颜色。

实例 2：假设正在进行帐目的结算，想要用蓝色显示结余超过＄50 000 的账目，负数值用红色显示在括号中，其余的值用缺省颜色显示，可以创建如下的格式："[蓝色][＞50000]＄＃，＃＃0.00_)；[红色][＜0](＄＃，＃＃0.00)；＄＃，＃＃0.00_)"，使用条件运算符也可以作为缩放数值的强有力的辅助方式。例如，如果所在单位生产几种产品，每个产品中只要几克某化合物，而一天生产几千个此产品，那么在编制使用预算时，需要从克转为千克、吨，这时可以定义下面的格式："[＞999999]＃，＃＃0，，_M"吨"；[＞999]＃＃，_K_M"千克"；＃_K"克""可以看到，使用条件格式、千分符和均匀间隔指示符的组合，不用增加公式的数目就可以改进工作表的可读性和效率。

另外，我们还可以运用自定义格式来达到隐藏输入数据的目的，比如格式"；＃＃；0"只显示负数和零，输入的正数则不显示；格式"；；；"则隐藏所有的输入值。自定义格式只改变数据的显示外观，并不改变数据的值，也就是说不影响数据的计算。灵活运用好自定义格式功能，将会给实际工作带来很大的方便。

13. 自动切换输入法

在一张工作表中，往往是既有数据，又有文字，这样在输入时就需要来回在中英文之间反复切换输入法，非常麻烦。如果你要输入的东西很有规律性，比如这一列全是单词，下一列全是汉语解释，你可以用以下方法实现自动切换。方法是：

(1)选中要输入英文的列,单击【数据】菜单,选择【有效性...】命令,在弹出的【数据有效性】对话框中,选中【输入法模式】选项卡,在【模式】框中选择【关闭(英文模式)】命令,单击【确定】按钮。

(2)选中要输入汉字的列,在【有效数据】对话框中,单击【IME 模式】选项卡,在【模式】框中选择【打开】命令,单击【确定】按钮。这样,当光标在前一列时,可以输入英文,在下一列时,直接可以输入中文,从而实现了中英文输入方式之间的自动切换。

14. 每次选定同一单元格

为了测试某个公式,需要在某个单元格内反复输入多个测试值。但是,每次输入一个值后按下 Enter 键查看结果后,活动单元格就会默认移到下一个单元格上,必须用鼠标或上移箭头重新选定原单元格,极不方便。如果你按"Ctrl+Enter"组合键,则问题会立刻迎刃而解,既能查看结果,活动单元格仍为当前单元格。

15. 生成备份工作簿

对新(老)工作簿执行【文件→保存(另存为)】命令,打开【另存为】对话框,按右上角的"工具"旁的下拉按钮,选"常规选项",在随后弹出的对话框中,选中"生成备份选项",确定保存。以后修改该工作簿(A. xls)后再保存,系统会自动生成一份名称为"A 的备份. xlk"的备份工作簿,且能直接打开使用。友情提醒:如果将上述功能加到某个模板中,则使用该模板建立工作簿后,就不需要进行上述操作,而快速生成备份工作簿。

16. 让序号原地不动

有时我们对数据进行排序时,序号全乱了。如果在序号列与正文列之间插入一个空列,再排序时,序号就不会乱了。友情提醒:位于序号前面的列中的内容均不发生改变;为了不影响显示美观和正常打印,可将这一空列隐藏起来。

17. 批量删除空行

有时我们需要删除 Excel 工作簿中的空行,一般做法是将空行一一找出,然后删除。如果工作表的行数很多,这样做就非常不方便。我们可以利用"自动筛选"功能,把空行全部找到,然后一次性删除。做法:先在表中插入新的一个空行,然后按下 Ctrl+A 键,选择整个工作表,用鼠标单击【数据】菜单,选择【筛选】项中的【自动筛选】命令。这时在每一列的顶部,都出现一个下拉列表框,在典型列的下拉列表框中选择"空白",直到页面内看不到数据为止。

在所有数据都被选中的情况下,单击【编辑】菜单,选择【删除行】命令,然后按【确定】按钮。这时所有的空行都已被删去,再单击【数据】菜单,选取【筛选】项中的【自动筛选】命令,工作表中的数据就全恢复了。插入一个空行是为了避免删除第一行数据。

如果想只删除某一列中的空白单元格,而其他列的数据和空白单元格都不受影响,可以先复制此列,把它粘贴到空白工作表上,按上面的方法将空行全部删掉,然后再将此列复制,粘贴到原工作表的相应位置上。

18. 避免错误信息

在 Excel 中输入公式后，有时不能正确地计算出结果，并在单元格内显示一个错误信息，这些错误的产生，有的是因公式本身产生的，有的不是。下面就介绍一下几种常见的错误信息，并提出避免出错的办法。

(1)错误值：＃＃＃＃。

含义：输入到单元格中的数据太长或单元格公式所产生的结果太大，使结果在单元格中显示不下，或是日期和时间格式的单元格做减法，出现了负值。

解决办法：增加列的宽度，使结果能够完全显示。如果是由日期或时间相减产生了负值引起的，可以改变单元格的格式，比如改为文本格式，结果为负的时间量。

(2)错误值：＃DIV/0!。

含义：试图除以 0。这个错误的产生通常有下面几种情况：除数为 0、在公式中除数使用了空单元格或是包含零值单元格的单元格引用。

解决办法：修改单元格引用，或者在用作除数的单元格中输入不为零的值。

(3)错误值：＃VALUE!。

含义：输入引用文本项的数学公式。如果使用了不正确的参数或运算符，或者当执行自动更正公式功能时不能更正公式，都将产生错误信息＃VALUE!。

解决办法：这时应确认公式或函数所需的运算符或参数正确，并且公式引用的单元格中包含有效的数值。例如，单元格 C4 中有一个数字或逻辑值，而单元格 D4 包含文本，则在计算公式＝C4＋D4 时，系统不能将文本转换为正确的数据类型，因而返回错误值＃VALUE!。

(4)错误值：＃REF!。

含义：删除了被公式引用的单元格范围。

解决办法：恢复被引用的单元格范围，或是重新设定引用范围。

(5)错误值：＃N/A。

含义：无信息可用于所要执行的计算。在建立模型时，用户可以在单元格中输入＃N/A，以表明正在等待数据。任何引用含有＃N/A 值的单元格都将返回＃N/A。

解决办法：在等待数据的单元格内填充上数据。

(6)错误值：＃NAME?。

含义：在公式中使用了 Excel 所不能识别的文本，比如可能是输错了名称，或是输入了一个已删除的名称，如果没有将文字串括在双引号中，也会产生此错误值。

解决办法：如果是使用了不存在的名称而产生这类错误，应确认使用的名称确实存在；如果是名称、函数名拼写错误就应改正过来，将文字串括在双引号中；确认公式中使用的所有区域引用都使用了冒号(:)。例如：SUM(C1:C10)。注意将公式中的文本括在双引号中。

(7)错误值：＃NUM!。

含义：提供了无效的参数给工作表函数，或是公式的结果太大或太小而无法在工作表中表示。

解决办法：确认函数中使用的参数类型正确。如果是公式结果太大或太小，就要修改公式，使其结果在－1×10 307 和 1×10 307 之间。

(8)错误值：＃NULL!。

含义:在公式中的两个范围之间插入一个空格以表示交叉点,但这两个范围没有公共单元格。比如输入:“=SUM(A1:A10 C1:C10)”,就会产生这种情况。

解决办法:取消两个范围之间的空格。上式可改为“=SUM(A1:A10,C1:C10)”。

19. 重复表格标题行

在 Excel 中,用户不仅可在每页表格中重复表格顶端的标题行,而且还可重复表格左端的标题列。

(1)打开需要设置标题行的工作表,选择【文件】菜单中的【页面设置】命令,打开【页面设置】对话框。

(2)单击【工作表】标签卡,在【打印标题】选项区中选择相应选项,可在打印工作表的每页中都打印重复的标题行或列内容。例如要将表格中特定的行作为每页的行标题时,选择【顶端标题行】选项,如果要在每页有垂直方向的标题时,则选择【左端标题列】。然后在工作表上所需的标题行或列中选择相应的单元格或单元格区域,这时【顶端标题行】和【左端标题列】编辑栏中就会出现所选定的行或列名称。

(3)单击【确定】按钮保存设置。

20. 利用 If 函数避免出错信息

(1)当我们在 C8 单元格输入公式:=A8/B8,当 B8 单元格没有输入数据时,C8 单元格则会出现“#DIV/0!”的错误信息。如果将公式改为:=IF(B1=0,"",A1/B1),就不会显示错误信息了。

(2)同样,如果我们在 C8 单元格中输入:=A8+B8,当 A8、B8 没有输入数值时,C8 则显示出“0”,如果将公式改为:=IF(AND(A2="",B2=""),"",A2+B2),这样,如果 A8 与 B8 单元格均没有输入数值时,C8 也不会显示“0”了。

21. 同时打开多个工作簿

(1)执行【文件→打开】命令,按住“Shift”键或“Ctrl”键,并用鼠标选择彼此相邻或不相邻的多个文件,然后按【确定】按钮,就可以一次打开选中的多个工作簿。

(2)执行【开始→运行】命令,在对话框中输入 Excel,空格,后面加所要打开工作簿文件的绝对路径(每个文件之间用空格分隔),确定后也可以打开多个工作簿。

(3)新建一个文件夹,将需要打开的多个工作簿文件放在里面,然后打开 Excel,执行【工具→选项】命令,在【常规】标签中,将替补启动目录用“浏览”的方法指向该文件夹,确定。以后当你再次启动 Excel 时,就会把那个目录中的所有文件一起打开。

(4)启动 Excel,打开多个工作簿,执行【文件→保存工作区】命令,取名(A. xls)、确定保存。以后只要打开该工作区文档,即可打开上述多个工作簿(注意,工作区文件只是保存设置,并不保存文件,所以你必须对每个文件所作的更改另行保存)。

22. 滚屏时固定表格头/冻结窗格

选中要固定的表格头的下一行的任意单元格,点击菜单:窗口→冻结窗格,即可实现滚屏时不滚动固定表格头(选定单元格的左侧和上面各行被冻结)。

23. 分割、合并列

如将地址字段和邮编字段合并到一起，假设地址在 L 行，邮编在 M 行，插入 N 行，在 N2 中输入：=L26&","&M26，回车，然后用 N2 右下角的填充柄快速填充一下即可合并列；分割列：选中 M 列，选菜单：数据→分列：文本分列向导：从其中选择“分隔符号”，然后在下一步中的“分隔符号”中选中逗号，点击下一步，点击完成即可。

24. 自动调整列宽

选中要调整的列，从 Excel 菜单栏中选择：格式→列→最合适的列宽即可，或者选中要调整的列，将鼠标移动到任意被选中的两列的列标交界处，光标会变为带左右箭头形状（就是我们要手动调整列宽的位置），左键双击，OK。

25. 平均分布各行/列

在标尺栏上选中相应的行/列，再拖动其中一个行/列的行宽/列高，即可调整所有行或列为同一宽度/高度。另外一种方法就是选中相应的行/列，在行高/列宽对话框中直接输入相应的数值即可。

26. 不连续单元格填充同一数据

启动 Excel，选中一个单元格，按住 Ctrl 键，用鼠标单击其他单元格，就将这些单元格全部选中了，在编辑区中输入数据，然后按住 Ctrl 键，同时按一下回车，在所有选中的单元格中都出现了同一数据。

27. 自定义输入数据下拉列表

如果在某些单元格中需要输入固定格式的数据（如“职称”等），我们可以通过“数据有效性”建立一个下拉列表来进行选择输入，以方便统一输入数据。选中需要建立下拉列表的单元格区域，执行【数据→有效性】命令，打开【数据有效性】对话框，在【设置】标签下，按【允许】右侧的下拉按钮，在随后弹出的快捷菜单中，选择【序列】选项，然后在下面“来源”方框中输入序列的各元素（如“高级工程师，工程师，助理工程师，技术员，其他职称”等），确定返回。

注意：各元素间请用英文状态下的逗号隔开。

28. 批量插入固定字符

现在新的身份证号码，将旧身份证号码的年份由两位表示改为 4 位表示，如果我们要将年份的前两位(19)插入旧身份证号码中，可以这样做（假定旧身份证号码保存在 A 列中）：在 B1、C1、D1 单元格中分别输入公式：=Left(A1,6)、=Right(A1,9)、=B1&"19"&C1，将上述公式复制到 B、C、D 列的其他单元格中，即将 19 插入旧身份证号码中，并显示到 D 列中。

29. 正确输入身份证号码

即输入文本型数字，不需要计算。

方法 1：英文状态的单引号加数字混合输入，用于少量数据的录入。

方法 2:将单元格格式化为文本格式,直接输入数据即可。

30. 冻结行列标题

在拉动滚动条查看一个大的表格时,我们发现列标题、行标题常常被移到窗口外面去了,这样数据与标题常常会对不上号。我们可以将行、列标题冻结起来,如果我们需要将第 1 行和第 1、2 列作为标题冻结起来,可以这样操作:选中 C2 单元格,(选中单元格是关键,从该单元格的左边和上边开始全部冻结,其他操作如插入、拆分单元格同理)执行一下【窗口→冻结窗格】命令即可。

注意:执行"窗口"→"取消冻结窗格"命令,即可将冻结的窗口解除。如果只冻结 A 列(或第一行),只需选中 B1(或 A2)进行操作即可(原理同上,Excel 做出的选择都是选定单元格的左边和上边,B1 上边没有,所以冻结的是列;A2 左边没有,所以冻结的是行)。

31. 拆分窗口

选中窗口中部的某个行(列),执行"窗口→折分"命令,即可将当前整个窗口拆分为上下(左右)两个区域,然后在每一个窗口中分别浏览到同一工作表中不同区域的数据。

注意:如果选中工作表中某个单元格,再执行折分窗口操作,即可将窗口拆分为 4 个区域。

32. 行列快速转换

如果需要将 Excel 按行(列)排列的数据,转换为按列(行)排列,可以通过"选择性粘贴"来实现。选中需要转换的数据区域,执行一下"复制"操作;选中保存数据的第一个单元格,执行【编辑选择性粘贴】命令,打开【选择性粘贴】对话框,选中其中的【转置】选项,确定返回即可。

33. 防止数据重复输入

员工的身份证号码应该是唯一的,为了防止重复输入,我们用【数据有效性】来提示大家。选中需要建立输入身份证号码的单元格区域(如 D3 至 D14 列),执行【数据→有效性】命令,打开【数据有效性】对话框,在【设置】标签下,按【允许】右侧的下拉按钮,在随后弹出的快捷菜单中,选择【自定义】选项,然后在下面【公式】方框中输入公式:=Countif(D:D,D3)=1,确定返回。以后在上述单元格中输入了重复的身份证号码时,系统会弹出提示对话框,并拒绝接受输入的号码。

34. 分区域锁定

当多人编辑同一个工作簿文档时,为了防止修改由他人负责填写的数据,我们可以对工作表进行分区域加密。

(1)启动 Excel,打开相应的工作簿文档,执行【工具→保护→允许用户编辑区域】命令,打开【允许用户编辑区域】对话框。

(2)单击其中的【新建】按钮,打开【新区域】对话框,在【标题】下面的方框中输入一个标题(如"报建"),然后按【引用单元格】右侧的红色按钮,让对话框转换为浮动条,用鼠标选中相应的区域,再按浮动条右侧的红色按钮返回对话框,设置好密码,按下【确定】按钮,再确认输入一次密码,确定返回。

(3)重复上述操作,为其他区域设置密码。

(4)设置完成后,按下【保护工作表】按钮,加密保护一下工作表即可。

35. 共享工作簿

现在很多单位都建立了内部局域网,我们把 Excel 文档设置成共享,可以让多人在局域网上同时对一个文档进行编辑操作。

启动 Excel,打开需要共享的工作簿文档,执行【工具→共享工作簿】命令,打开【共享工作簿】对话框,选中其中的【允许多用户同时编辑,同时允许工作簿合并】选项,再确定返回。

将设置了共享的工作簿文档,保存到局域网某台电脑的一个共享文件夹中,局域网上的用户即可随时调用编辑。

注意:如果在"共享工作簿"对话框中,切换到"高级"选项,设置相应的参数,可以实现更多的共享效果。

36. 删除通配符* 或?

编辑－替换,"查找内容"处输入"～＊"或"～?","替换为"留空。

37. 选定指定个数单元格

方法 1:先选第 1 个有公式的单元格(比如说 A1),然后按 F8,再选最后一个单元格(比如说 A100),按组合键 Ctrl＋D 则可。

方法 2:先选第 1 个有公式的单元格(比如说 A1),拖动滚动条到指定单元格,此时按住 Shift 键并单击该单元格,按组合键 Ctrl＋D 则可。

38. 数字居中小数点对齐

(1)选中某列,点击【居中】工具按钮;

(2)格式－单元格－自定义,输入"????.????"或"????.0????"类型的字符,问号个数可根据实际增减。

39. Excel 表格转换为图片

按下 Shift 键的同时点击【编辑】菜单,原来的复制和粘贴就会变成【复制图片】和【粘贴图片】。利用这一功能,可以将一个数据表以图片的形式进行复制,从而将其转换为图片。

40. 钩(√)的快捷输入

按住 Alt 键输入 41420 后放开 Alt 键即出现"√"。

41. 将单元格中的数全部变成万元表示

自定义单元格格式:0!.0000。

42. 更改 Excel 默认行列标签颜色

桌面—属性—外观—项目—高级—已选定的项目,设置颜色。

43. 工作簿间引用及自动更新数据

(1)新建工作簿,输入数据(作为源工作簿),保存,保存类型选 wk4(1-2-3)(*.wk4),文件名为 book1。

(2)再建立一个工作簿,输入要引用源工作簿的公式,保存文件名称为 book2。

(3)关闭工作簿。

(4)再打开 book2 看是不是不出现链接对话框,或打开 book1 修改一下数据,保存并关闭,再打开 book2,看是不是已经更新了数据。

另:引用多个源工作簿也可以,但源工作簿要保存为 wk4(1-2-3)(*.wk4)类型,大家可以试试看。

以上是 WinXP+Excel 2003,较低版本的朋友,请把保存类型选为:wk3 或 wk1。

44. 单元格输入时间后前面自动加了等号!

工具—选项—1-2-3 帮助—转换 lotus 123 公式,去掉钩。

45. 未被发现的两个日期格式符号

(1)bb 或 bbbb:如 2005-1-1 设置自定义格式 bb 或 bbbb,结果为 48 或 2548,与 2005 的差为 543,发现任何日期这个差数是固定的,经查询有关资料,公元前 544 年是佛历元年,可能与佛历有关(佛教的英文是 B 开头的)

(2)e:对日期设置自定义格式 e,结果是公历的四位年份,为 2005-1-1,显示为 2005,完全可以代替 yyyy 格式符号。

以上是在 Excel 2003 下发现的,经检验在 Excel 2000 下没有。

46. 单元格格式自定义中"!"的作用

"!"的作用是把后面所带的字符作为符号处理

47. 奇数行、偶数行求和

奇数行:=Sumproduct((A1:A1000)*Mod(Row(A1:A1000),2))。

偶数行:=Sumproduct((A1:A1000)*Not(Mod(Row(A1:A1000),2)))。

48. 日期上、中、下旬区分

=Lookup(Day(A1),{0,11,21,31},{"上旬","中旬","下旬","下旬"})。

49. Excel 中为汉字加注拼音

格式_拼音信息_编辑(显示或隐藏)。

50. 男、女性别的快捷输入

自定义单元格格式:[=0]"男";[=1]"女";,则可实现输入 0 显示为"男";输入 1 显示为"女"。

51.“--”符号作用

把文本数字转换为数字型数字，与+0，*1，等价。

52. 增加 Excel 的后悔次数

Excel 默认是 16 次，可修改注册表来自定义：

[Hkey_Current_User\Software\Microsoft\Office\11. 0\Excel\Options]，新建 dword 值，键名为 undohistory，双击，10 进制，输入“30”则可后悔 30 次。

53. 求平均分时显示出被去掉的最高、最低分数

求平均分可用 Trimmean 函数，返回被去掉的分数：最大(2 个)，=Large(Data，{1;2})；最小(2 个)，=Small(Data，{1;2})。

54. 复制、粘贴中回车键妙用

(1)先选要复制的目标单元格，复制后，直接选要粘贴的单元格，回车 OK。

(2)先选要复制的目标单元格，复制后，选定要粘贴的区域，回车 OK。

(3)先选要复制的目标单元格，复制后，选定要粘贴的不连续单元格，回车 OK。

55. 求平均值时只对不等于零的数求均值

输入公式：=Average(If(a1:a5>0,a1:a5))。

56. 固定数据输入焦点

在数据输入时，每当按下“Enter”键后，光标就会自动跳转到下一个单元格中。在进行数据的反复验证中，就必须反复地来重新定位焦点。

方法 1：输入数据前，在按住“Ctrl”键的同时单击选择该单元格。当单元格边框的边很细的时候，再开始数据的输入。如果要移动到下一单元格，可以使用方向键来完成。

方法 2：当工作表中要实行数据验证的单元格很多时，则可单击【工具】菜单中的【选项】命令，在弹出的设置框中单击【编辑】选项卡，然后取消选择“按 Enter 键后移动”复选框即可。

57. 单元格信息输入提示

在单元格输入信息时，希望系统能自动地给予一些必要的提示，这样不但可以减少信息输入的错误，还可以减少修改所花费的时间。可按如下操作：首先选择需要给予输入提示信息的所有单元格；然后执行【数据】菜单中的【有效性】命令，在弹出的对话框中选择【输入信息】选项卡；接着在【标题】和【输入信息】文本框中输入提示信息的标题和内容即可。

58. 不输入公式直接查看结果

可以选择要计算结果的所有单元格，然后看看编辑窗口最下方的状态栏上，是否自动显示了“求和=?”的字样，如果还想查看其他的运算结果，只需移动鼠标指针到状态栏任意区域，然后用鼠标右键单击，在弹出的菜单中单击要进行相应的运算的操作命令，在状态栏就会显示相

应的计算结果。这些操作包括均值、计数、计数值、求和等。

59. 计算两个时间点之间的小时数

如 A1 为开始时间，B1 为结束时间，在 C1 单元格求时间差，则在 C1 中输入：＝If(B1＞A1,(B1－A1)*24,24＋(B1－A1)*24)。

60. 公式中输入负数

只需在数字前面添加“－”即可，而不能使用括号。例如：＝5*－10 的结果是“－50”。Excel 中规定所有的运算符号都遵从“由左到右”的次序。

实训六　PowerPoint 2003 的使用

一、简单演示文稿的制作

(一)实训要点

- ◆ 添加幻灯片的方法
- ◆ 在幻灯片中插入图片
- ◆ 在幻灯片中插入艺术字
- ◆ 模板的使用

(二)实训目的

通过本例的学习,掌握添加幻灯片、在幻灯片中插入图片和艺术字,并制作出精美的画册的操作方法。

(三)实训内容

本实例的最终效果如图 6－1 所示。

1. 插入图片

步骤 1:要建立电子画册,首先要用扫描仪或数码相机将要用到的图片导入到计算机中,保存成图形文件。

启动 PowerPoint,新建一个空白演示文稿,再将页面上的虚框占位符去掉,只留下白色的背景,如图 6－2 所示。方法:用鼠标在虚框上单击一下(注意是在虚框上单击,不是在虚框中的文字上单击),然后按下键盘上的 Delete 键,就可以将虚框去掉了。

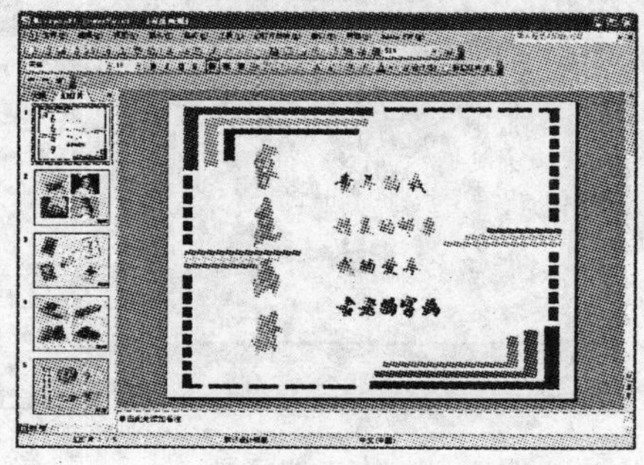

图 6－1　精美画册的最终效果

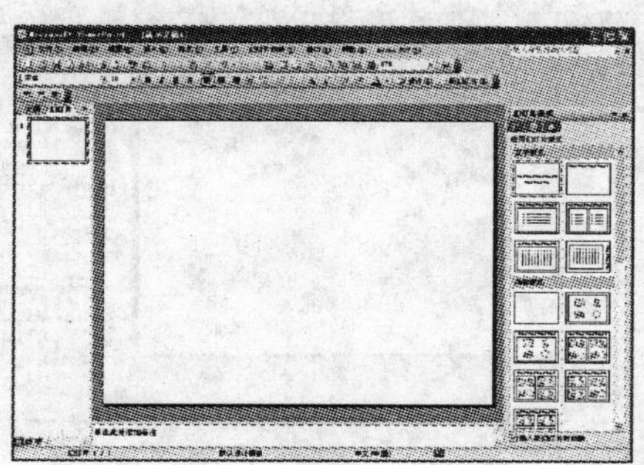

图 6－2　删除占位符后的效果

步骤 2:执行【插入】|【图片】|【来自文件】命令,从弹出的【插入图片】对话框中,选中提前准备好的“child1. jpg”、“child2. jpg”、“child3. jpg”和“child4. jpg”文件,单击【插入】按钮,如图 6-3 所示。

一次可以插入一张图片,也可以同时选中多张图片一起插入。

步骤 3:用鼠标拖动图片来调整图片的位置,拖动图片四周的控制点来调整好图片的大小,效果如图 6-4 所示。

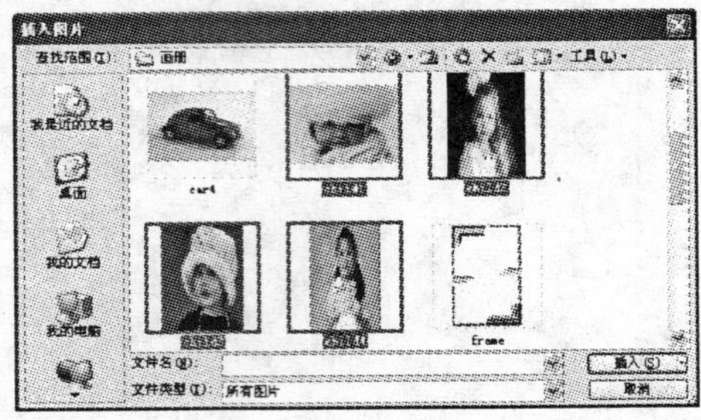

图 6-3　从选择要插入的图片

图 6-4　调整图片的位置

步骤 4:按照同样的步骤,将不同类别的图片,分别插入到不同的幻灯片中,效果如图 6-5～图 6-8 所示。

图 6-5　童年的我

图 6-6　精美的邮票

图 6-7　我的爱车

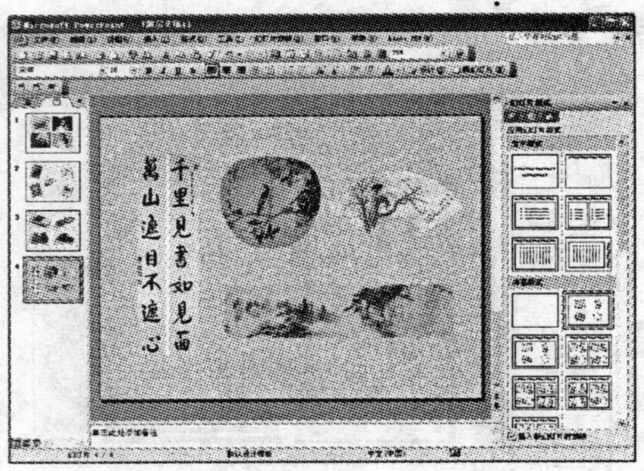

图 6-8　古老的字画

2. 插入艺术字

接下来为这个画册做一个目录页。

步骤 1:按 Ctrl+M 快捷键,新增一张幻灯片,如图 6-9 所示。

步骤 2:在屏幕左侧【幻灯片】选项卡中选中新增的幻灯片,再用鼠标将它拖动到最上面,也就是让它成为这个演示文稿的第一张幻灯片,如图 6-10 所示。

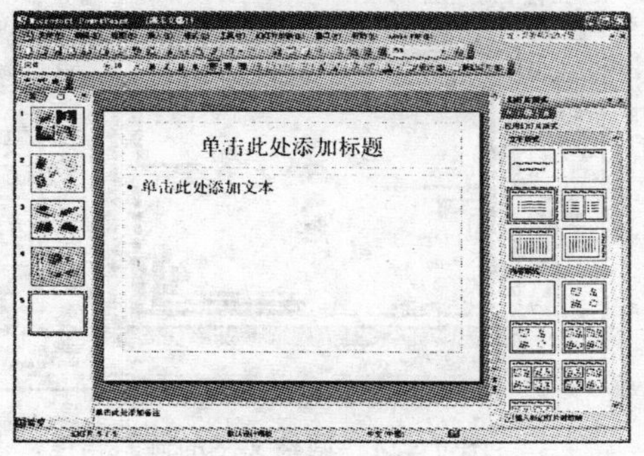

图 6-9 新增一张幻灯片

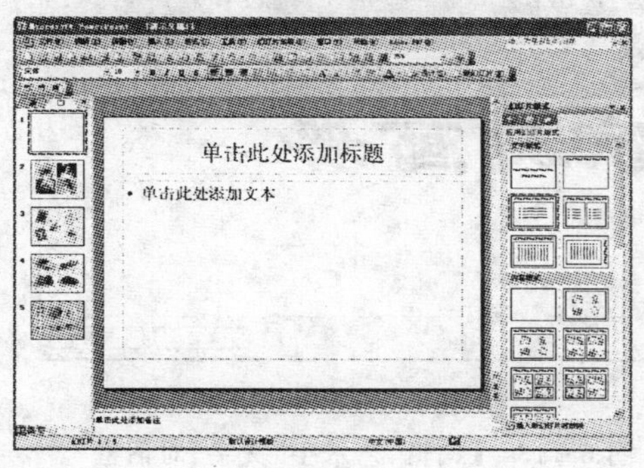

图 6-10 将新增幻灯片拖到最上面

步骤 3:将页面上的虚框占位符去掉,在页面的空白处单击鼠标右键,从弹出的菜单中选择【背景】命令,弹出【背景】对话框。

步骤 4:单击【背景填充】下拉箭头,选择【填充效果】选项,弹出【填充效果】对话框。单击【图片】选项卡后单击【选择图片】按钮,插入准备好的"frame.jpg"图形文件后,单击【填充效果】对话框中的【确定】按钮,再单击【背景】对话框中的【应用】按钮。这样,这张幻灯片就有了一张镜框样式的背景,如图 6-11 所示。

步骤 5:执行【插入】|【插入图片】|【艺术字】命令。下面做几个艺术字,以增加画册的效果。

步骤 6:在【"艺术字"库】对话框中,选取第 2 种竖排形式的艺术字样式,如图 6-12 所示,然后单击【确定】按钮。

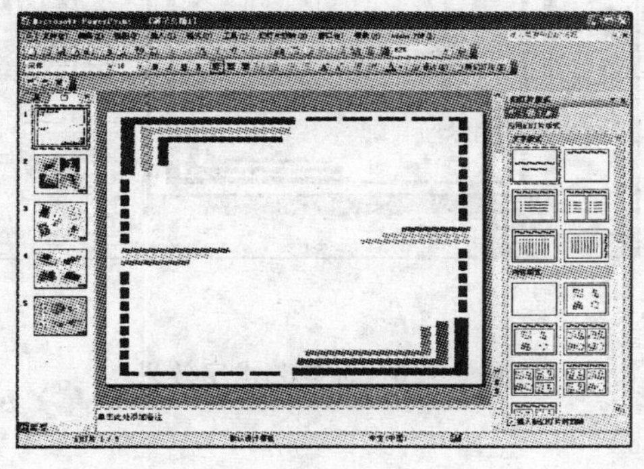

图 6-11 插入一张镜框式的背景

图 6-12 "艺术字"库

步骤 7:在【编辑“艺术字”文字】对话框中，输入“家庭画册”4 个字。将【字体】改为“隶书”，【字号】改为“54”，并将粗体的按钮按下，如图 6 - 13 所示，然后单击【确定】按钮。

步骤 8:此时艺术字已经出现在幻灯片中了，然后选定文字，拖动绿色小圆点，便可以旋转艺术字，再拖动黄色小方块，调整文字的倾斜角度，效果如图 6 - 14 所示。

图 6 - 13 【编辑“艺术字”文字】对话框

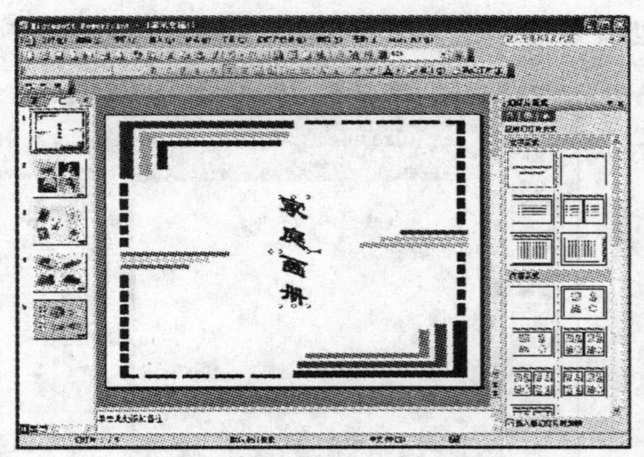

图 6 - 14 调整文字的倾斜角度

步骤 9:单击【艺术字】浮动工具栏上的【设置艺术字格式】按钮，然后在【设置艺术字格式】对话框中可以改变艺术字的各种外观参数。在【线条和颜色】选项卡上将【填充】栏中的【颜色】改为“浅蓝色”，将【线条】栏中的【颜色】改为“棕色”，如图 6 - 15 所示，设置完成后单击【确定】按钮。

步骤 10:形状、颜色都调整好后，在幻灯片中再调整一下艺术字的大小和位置，这个标题艺术字就做好了，效果如图 6 - 16 所示。

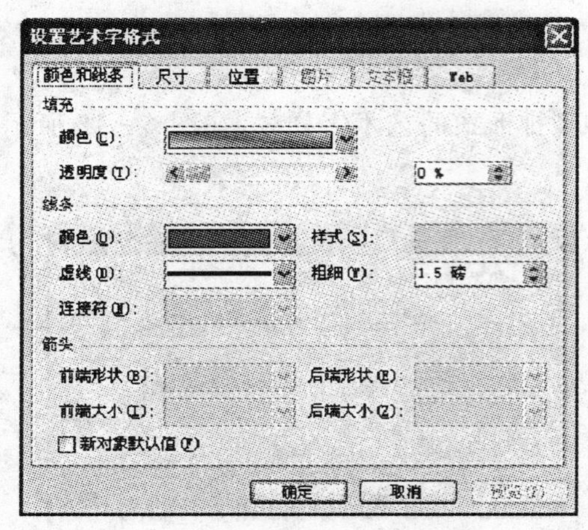

图 6 - 15 【设置艺术字格式】对话框

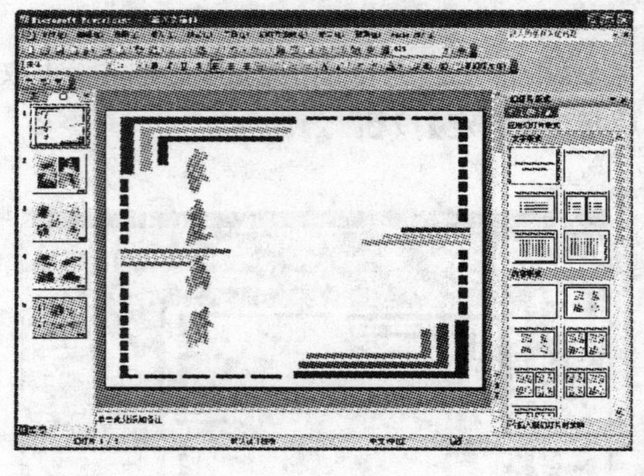

图 6 - 16 标题艺术字效果

步骤 11:按照同样的方法，将每页幻灯片的主题也用漂亮的艺术字做好，目录文字分别为“童年的我”、“精美的邮票”、“我的爱车”和“古老的字画”。目录页最后效果如图 6 - 17 所示。

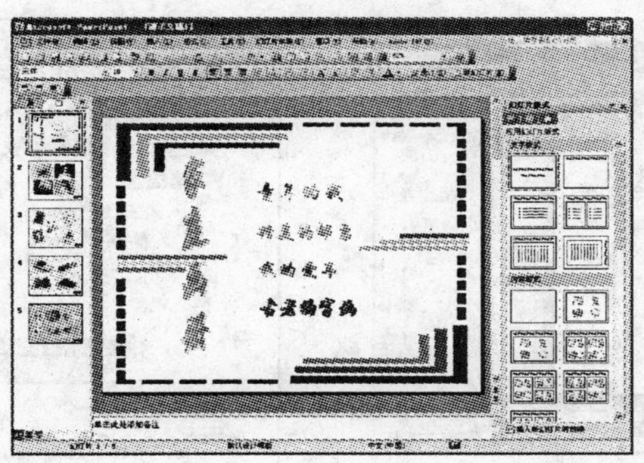

图 6－17　目录页最后效果

二　幻灯片母版的应用

(一)实训要点

- ◆ 幻灯片母版的制作
- ◆ 绘图工具的使用
- ◆ 修改幻灯片的背景

(二)实训目的

通过本例的学习，掌握母版的制作方法，从而可以迅速地制作出风格一致的演示文稿。

(三)实训内容

本实例的最终效果如图 6－18 所示。

图 6－18　最终效果

1. 母版的制作

步骤 1：启动 PowerPoint，新建一个文件。

步骤 2：执行【视图】|【母版】|【幻灯片母版】命令，进入编辑母版模式，如图 6－19 所示。在页面空白处单击鼠标右键，从弹出的快捷菜单中选择【背景】，单击【背景填充】下拉箭头，选择【其他颜色】选项，弹出【颜色】对话框。在【颜色】面板上，选择“浅黄色”后，单击【确定】按钮。在【背景】对话框上，单击【应用】按钮。

2.【绘图】工具栏的使用

步骤 1：单击【绘图】工具栏上的【矩形】按钮，在幻灯片的顶部，拖出一个矩形，宽度、高度比例如图 6－20 所示。

步骤 2：在【矩形】上，单击鼠标右键，从弹出的快捷菜单中选择【设置自选图形格式】选项。在【颜色和线条】选项卡中，将【填充】栏中的【颜色】设为“金色”，将【线条】栏中的【颜色】改为【无线条颜色】，如图 6－21 所示。

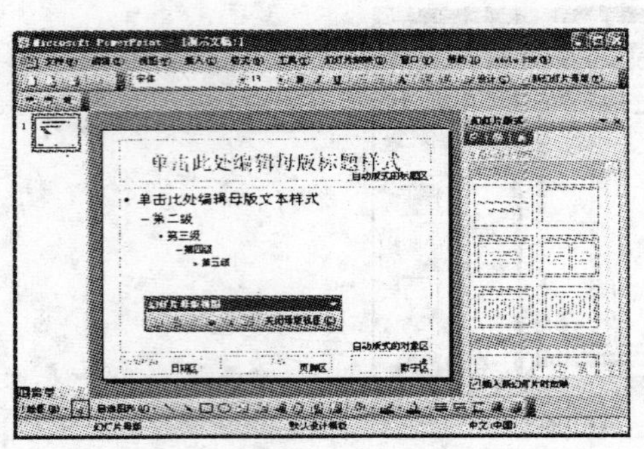

图 6－19　编辑母版模式

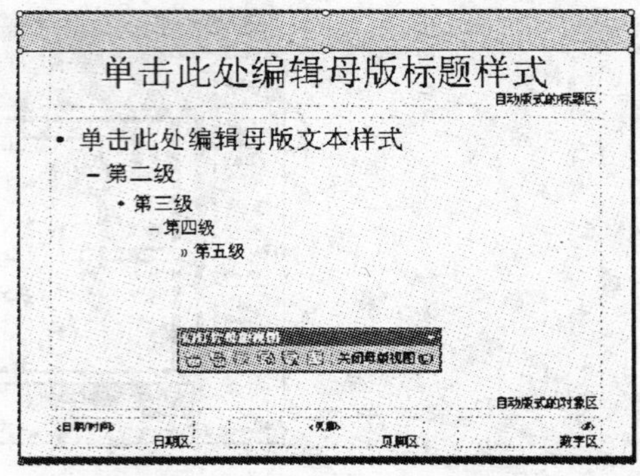

图 6－20　在幻灯片顶部拖出一个矩形

步骤 3：重复上面的步骤，在幻灯片上再画一个矩形，形状、位置如图 6－22 所示，颜色设置和上面的矩形相同。

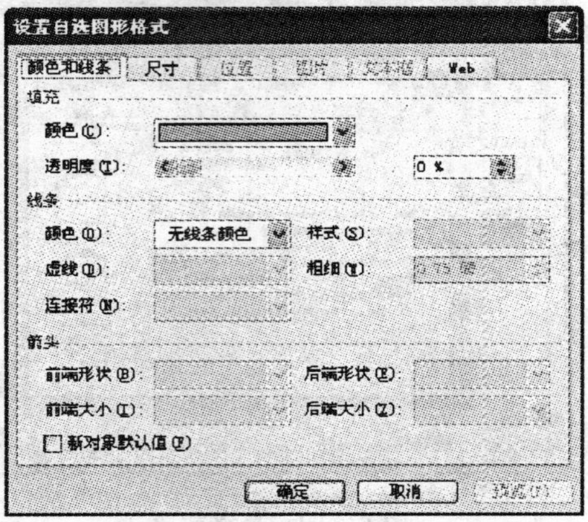

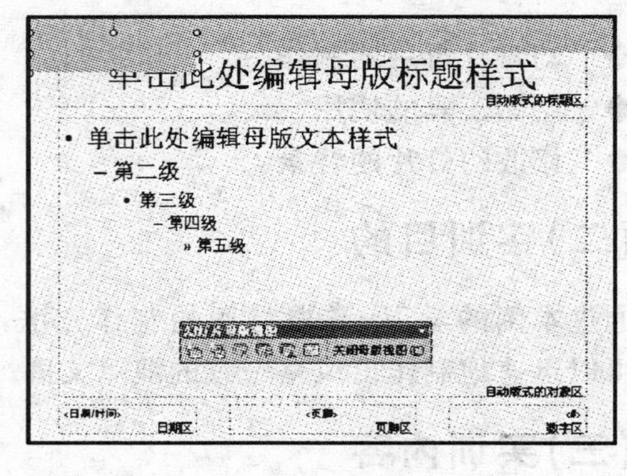

图 6－21　【设置自选图形格式】对话框

图 6－22　在幻灯片上再画一个矩形

步骤 4：单击【工具栏】上的【椭圆】按钮，按住 Shift 键，在幻灯片中拖出一个半径和第 2 个矩形宽度一样的正圆形。将圆形的颜色设置为和矩形相同，将它拖至如图 6－23 所示的位置。

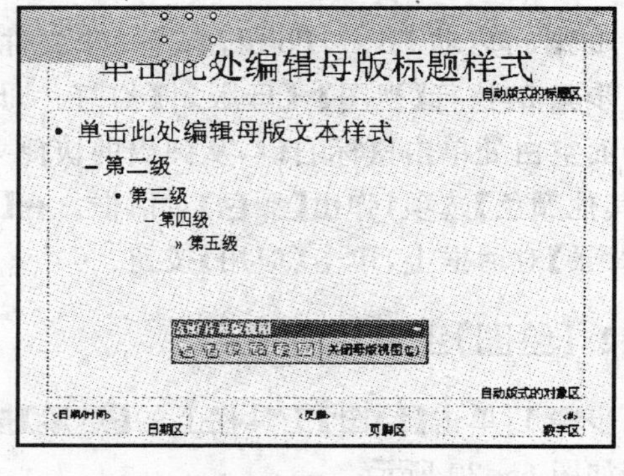

图 6－23　画一个正圆形

步骤 5：按住 Shift 键，选择【椭圆】按钮，可以画出正圆；选择【矩形】按钮，可以画出正方形。按住 Shift 键，将这 3 个图形同时选中，单击鼠标右键，从快捷菜单中选择【组合】命令，再选择子菜单中的【组合】选项，现在这 3 张图已经合为一张图了。

步骤 6：将这个组合的图形在这张幻灯片

上复制一张，将新复制的图形的颜色按照上面的设置方法，改为灰色，如图 6－24 所示。

步骤 7：选中灰色的图片，单击鼠标右键，从快捷菜单中选择【叠放次序】|【置于底层】命令，并将它移到橘黄色图片稍右下的位置，把它做成阴影效果，效果如图 6－25 所示。继续使用【绘图】工具栏上的【直线】及【椭圆】工具，将幻灯片设为如图 6－26 所示的样子。

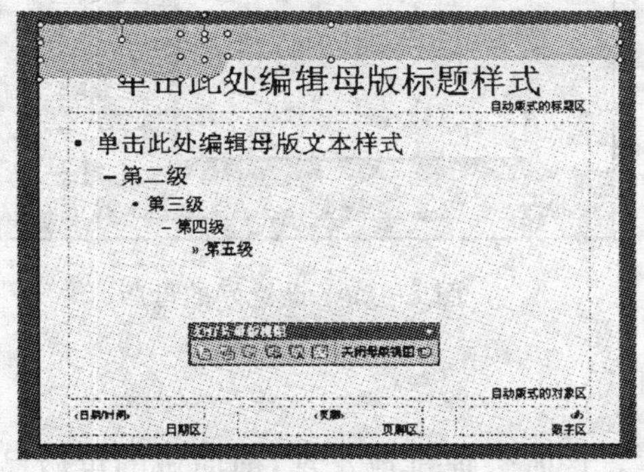

图 6－24 将 3 张图合为一张图

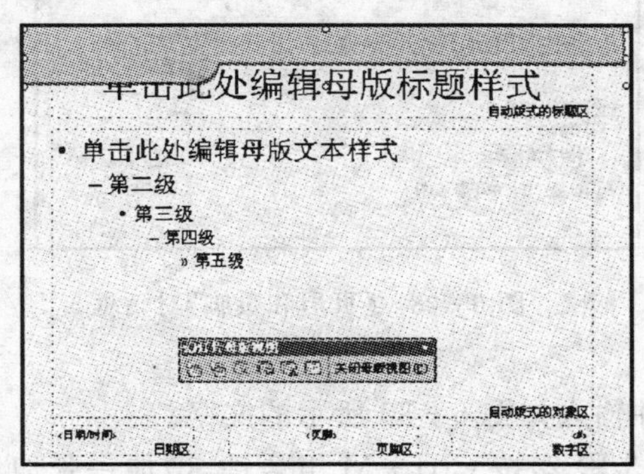

图 6－25 做成阴影效果

步骤 8：执行【插入】|【图片】|【来自文件】命令，在幻灯片母版左上角插入准备好的“software. jpg”和“online. jpg”文件。在幻灯片中插入一个文本框，输入文字“洪恩都会　中国教育产品钻石推广商”，图和文字的位置如图 6－27 所示。

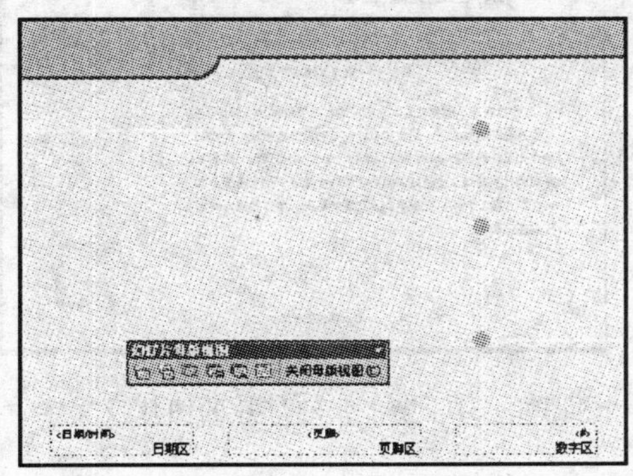

图 6－26 利用【直线】及【椭圆】工具作图

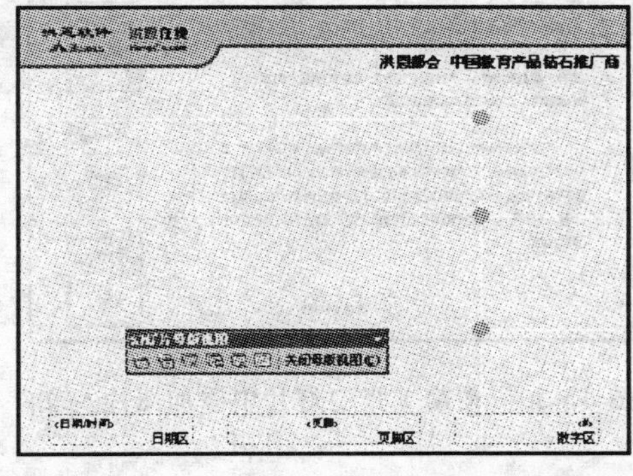

图 6－27 插入图片、输入文字

步骤 9：在幻灯片母版上，执行【插入】|【幻灯片编号】命令。将【幻灯片编号】选项前的复选框选中，在【页脚】输入栏中输入“洪恩图书都会”，如图 6－28 所示，然后单击【全部应用】按钮。

步骤 10：在幻灯片母版上，将页面左下角的【数字区】输入栏向左平移，使之和页脚连在一起，这样，母版就设置好了。单击【幻灯片母版视图】浮动工具栏上的【关闭母版视图】按钮，回到正常的编辑状态，如图 6－29 所示。

3. 修改幻灯片的背景

步骤 1：将幻灯片上的虚框占位符去掉，插入文本框，输入如图所示的文字，插入准备好的“01. bmp”、“02. bmp”和“03. bmp”图形文件，调整大小并将它们按如图 6－30 所示的位置摆放

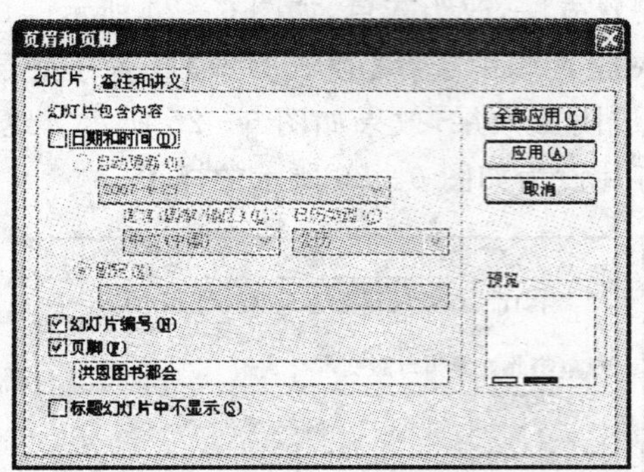

图 6－28 【页眉和页脚】对话框

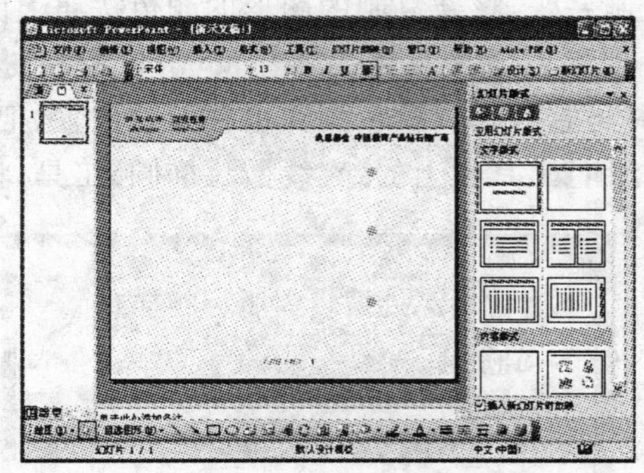

图 6－29 设置好的母版

好，并输入如图 6－30 所示的文字。

步骤 2：按 Ctrl＋M 组合键，增加一张幻灯片。这时会惊奇地发现，前面做的母版已经作为幻灯片的背景出现了。母版中的图片、文本框等在编辑状态时是不可以修改的，这就是母版的应用：为每张幻灯片设置相同的背景时，不用一次次地插入相同的图片。在幻灯片上加入如图 6－31 所示的文字和图片。

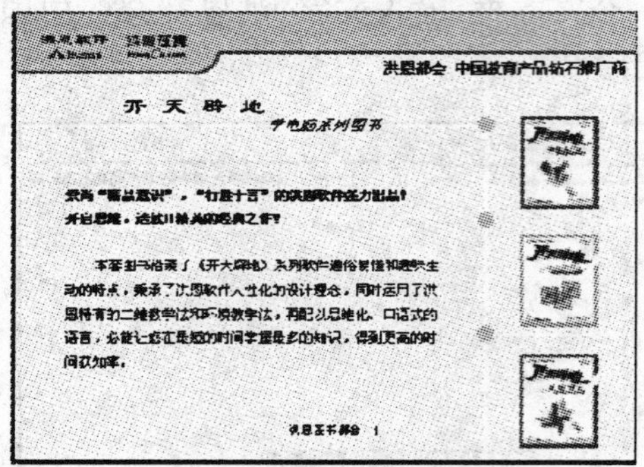

图 6－30 在第 1 张幻灯片中添加图片及文字

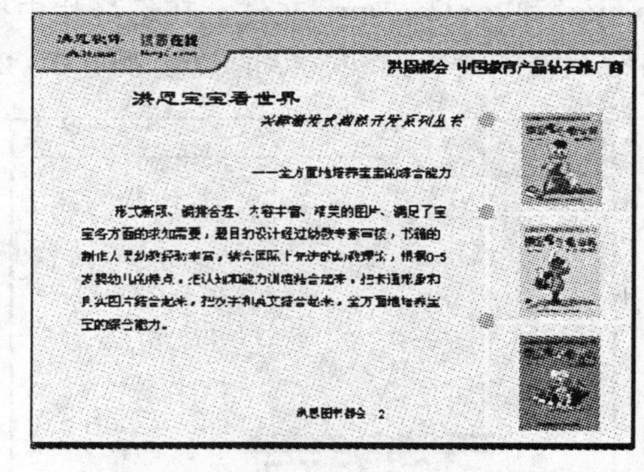

图 6－31 第 2 张幻灯片的图片及文字

步骤 3：重复上面的操作步骤，再做一张新幻灯片，效果如图 6－32 所示。

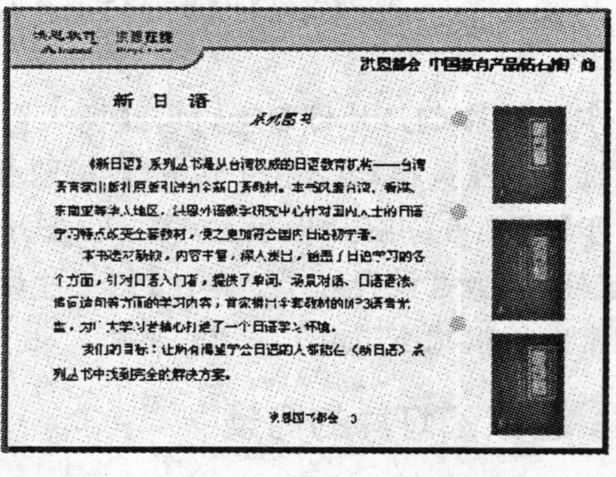

图 6－32 第 3 张幻灯片的图片及文字

步骤 4：设置好母版后，每张幻灯片的背景都可以单独修改。选中第 2 张幻灯片，在页面的空白处单击鼠标右键，从弹出的菜单中选择【背景】选项，弹出【背景】对话框。单击【背景填充】下拉箭头，选择【填充效果】选项，弹出【填充效果】对话框。选择【图案】选项卡。将【前景色】设为“浅粉色”，【背景色】设为“白色”，选择【大纸屑】图案，单击【确定】按钮。再单击【背景】对话框上的【应用】按钮，看！只有第 2 张幻灯片的背景色变了，其他幻灯片的背景都没有改变，如图 6-33 所示。

步骤 5：重复上面的步骤，改变第 3 张幻灯片的背景，如图 6-34 所示。

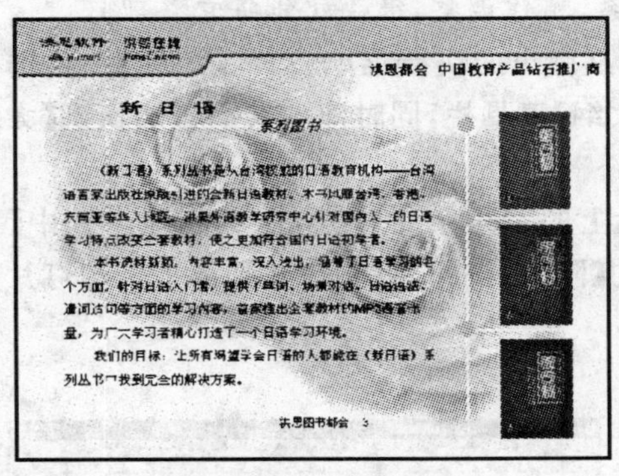

图 6-33 改变第 3 张幻灯片的背景色

图 6-34 改变第 2 张幻灯片的背景

利用母版，我们可以用很少的时间和精力，创建出具有相同样式、艺术装饰、图案和文本格式的幻灯片，这种方法适合做电子书籍、电子杂志等风格统一的演示文稿。

三、制作精彩动画效果

(一)实训要点

- 导入 Word 格式的文件
- 为各种元素添加动画效果
- 【自定义放映】功能的使用
- 在幻灯片上做标记

(二)实训目的

本例制作的是一份教师上课时使用的教案。通过学习本例，能够掌握在 PowerPoint 中导入 Word 文件、添加实训动画效果以及【自定义放映】功能的使用方法。这样可以充分发挥 PowerPoint 在色彩、动画方面的强大优势，使教师的课讲得更加生动活泼、重点突出和清楚明了。

(三)实训内容

这个实例是一个化学反应的课件，效果如图 6-35 所示。

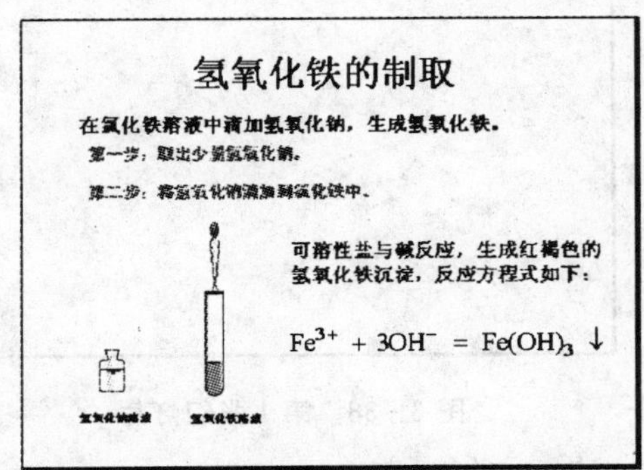

图 6-35 化学反应课件效果

1. 将 Word 文件插入到 PowerPoint 中

步骤 1：启动 PowerPoint，新建一个文件。

步骤 2：执行【插入】|【幻灯片（从大纲）】命令，找到教案文件所在的位置，选中准备好

的“铁. doc”文件，单击【插入】按钮，Word 文件就插入到演示文稿中了。

注意：Word 文件导入到 PowerPoint 中可能会产生空白页和文字混乱的现象，这是由于在 Word 文件中，文字的样式没有设置好。没关系，稍作调整，很快就能将它整理好。

步骤 3：在【工具栏】的空白处单击鼠标右键，从弹出的快捷菜单中，将【大纲】一项选中，此时在屏幕的左侧就出现了一竖排按钮，这就是【大纲】工具栏，同时演示文稿被切换到【大纲】选项卡，如图 6－36 所示。

步骤 4：选中空白幻灯片前的页标志，按键盘上的 Delete 键，将空白页删除。选中【大纲】选项卡上第 3 张幻灯片。单击【大纲】工具栏上的【降级】按钮，将它合并到第 2 张幻灯片上，如图 6－37 所示。

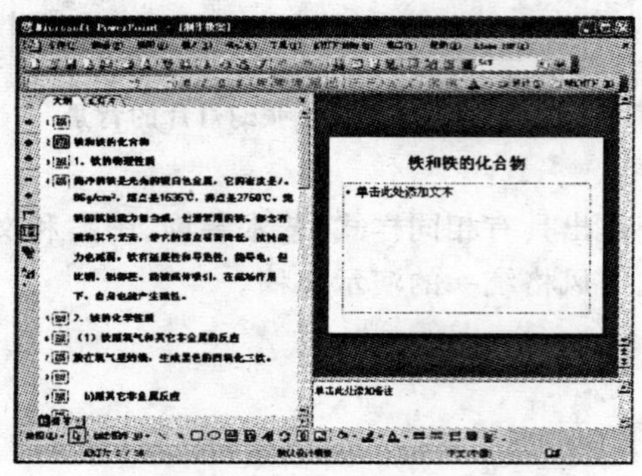

图 6－36　调出【大纲】选项卡

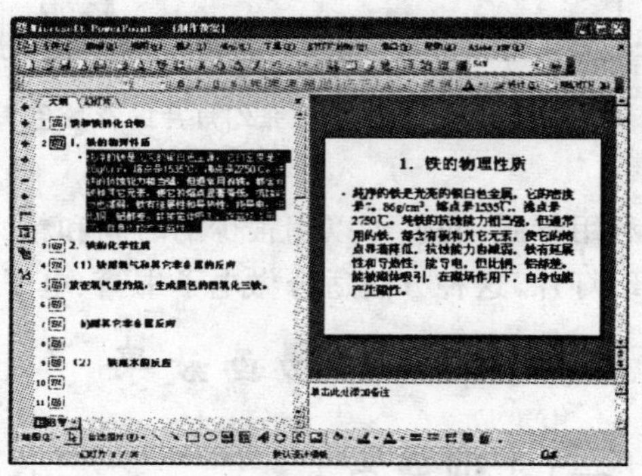

图 6－37　对文字作降级处理

步骤 5：对其他的幻灯片作类似处理，使每张幻灯片上的文字数量比较均衡，对不必要的文字进行删节，并对文字级别及格式等进行设定。

注意：对于有些表格和公式，可能在导入的时候，不能完全插入到演示文稿中来，我们可以将它们直接从 Word 文件中拷贝进来，再进行适当的位置、大小和外观等的设置就可以了。整理好的各张幻灯片如图 6－38～图 6－47 所示。

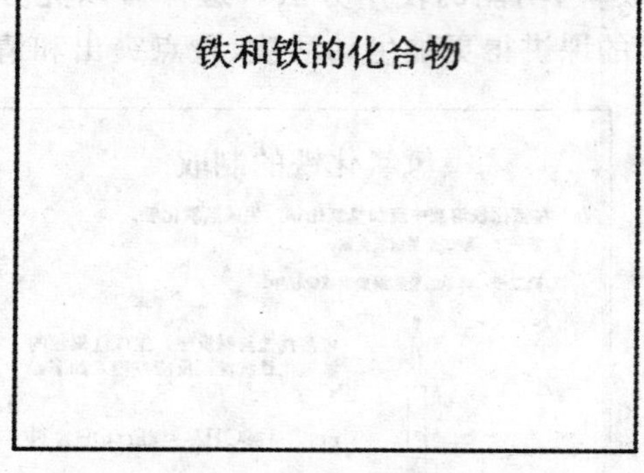

图 6－38　第 1 张幻灯片

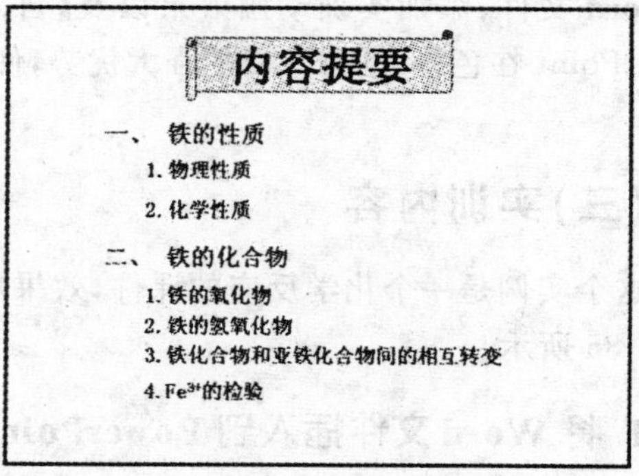

图 6－39　第 2 张幻灯片

铁的物理性质

- 纯净的铁是光亮的银白色金属。
- 密度是 7.86 g/cm³。
- 熔点是 1 535℃，沸点是 2 750℃。
- 纯铁的抗蚀能力相当强，但通常用的铁，都含有碳和其它元素，使它的熔点显著降低，抗蚀能力也减弱。
- 铁有延展性和导热性。
- 能导电，但比铜、铝都差。
- 能被磁体吸引，在磁场作用下，自身也能产生磁性。

图 6-40　第 3 张幻灯片

铁的化学性质

一、铁跟氧气和其它非金属的反应

1. 放在氧气里灼烧，生成黑色的四氧化三铁

$$3Fe + 2O_2 \xrightarrow{点燃} Fe_3O_4$$

2. 跟其它非金属反应

$$Fe + S \xrightarrow{\Delta} FeS$$

$$2Fe + 3Cl_2 \xrightarrow{\Delta} 2FeCl_3$$

图 6-41　第 4 张幻灯片

铁的化学性质

二、铁跟水的反应

$$3Fe + 4H_2O（汽）\xrightarrow{高温} Fe_3O_4 + 4H_2$$

常温下，铁跟水不反应，但是，在水和空气里的氧气以及二氧化碳等的共同作用下，铁容易生锈而被腐蚀。

图 6-42　第 5 张幻灯片

铁的化合物
——铁的氧化物

	分子式	俗名	状态
氧化亚铁	FeO	——	黑色粉末
氧化铁	Fe_2O_3	铁红	红棕色粉末
四氧化三铁	Fe_3O_4	磁性氧化铁	黑色晶体

图 6-43　第 6 张幻灯片

铁的化合物
——铁的氢氧化物

氢氧化亚铁的制取：

$$Fe^{2+} + 2OH^- = Fe(OH)_2 \downarrow$$

$$Fe^{3+} + 3OH^- = Fe(OH)_3 \downarrow$$

实验现象：滴入氢氧化钠溶液后，开始析出白色絮状沉淀，白色絮状沉淀迅速变为灰绿色，最后变成红褐色。氢氧化亚铁在空气中氧化成了氢氧化铁。

图 6-44　第 7 张幻灯片

氢氧化铁的制取

在氯化铁溶液中滴加氢氧化钠，生成氢氧化铁。

图 6-45　第 8 张幻灯片

铁的化合物
——铁化合物和亚铁化合物间的相互转变

$$Fe^{3+} + Fe = 3Fe^{2+}$$

$$2Fe^{2+} + Cl_2 = 2Fe^{3+} + 2Cl^-$$

$$Fe^{2+} \underset{还原剂}{\overset{氧化剂}{\rightleftharpoons}} Fe^{3+} + e$$

图 6-46　第 9 张幻灯片

Fe^{3+}的检验

图 6-47　第 10 张幻灯片

步骤 6：选中第 1 张幻灯片，将页面上的文字和文本框全部删掉，再做几个艺术字来装点封面。执行【插入】|【插入图片】|【艺术字】命令，然后在【“艺术字”库】对话框中，选取竖排形式的第 2 种艺术字样式，并单击【确定】按钮。

步骤 7：在【编辑“艺术字”文字】对话框中，输入“铁和铁的化合物”文字，再将【字体】设为“隶书”，【字号】设为“54”，并将表示粗体的按钮按下，然后单击【确定】按钮，效果如图 6－48 所示。

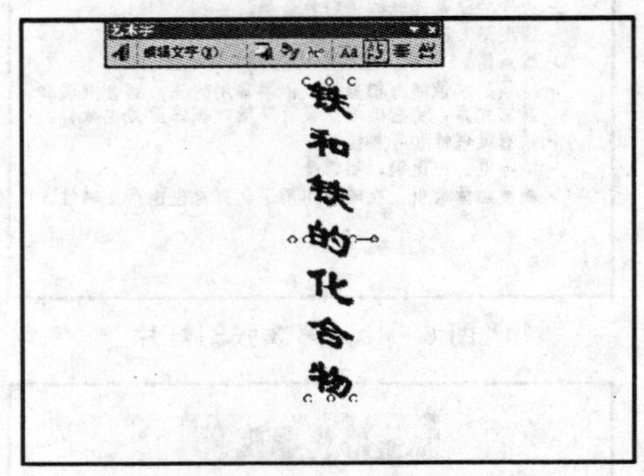

图 6－48　加艺术字之后的效果

步骤 8：单击【艺术字】浮动工具栏上的【设置艺术字格式】按钮后，在【颜色和线条】选项卡中，单击【填充】栏中【颜色】的下拉箭头，并从菜单中选择【填充效果】。

步骤 9：在【过渡】选项卡中，将【颜色】栏中的【预设】选项选中，再在【预设颜色】的下拉菜单中，选择【红日西斜】，之后将【底纹样式】中的【斜下】项选中，最后选中【变形】栏中左下角的变形形式，单击【确定】按钮。

步骤 10：单击【设置艺术字格式】对话框中的【线条】栏中的【颜色】的下拉箭头，再将【无线条颜色】项选中，然后单击【确定】按钮，如图 6－49 所示。

步骤 11：适当调整幻灯片中艺术字的大小，并将艺术字拖动到页面的左侧。在页面的右侧插入一张图片，这里插入提前准备好的“小博士. gif”文件，并调整它的大小及位置，效果如图 6－50 所示。

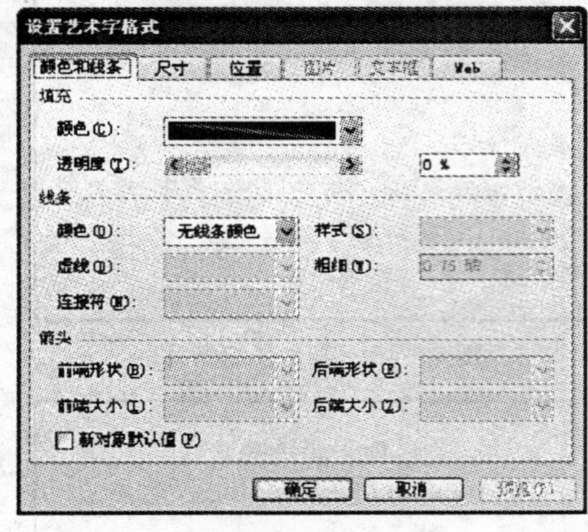

图 6－49　设置艺术字样式

图 6－50　第一张幻灯片最后效果

最后再给整个演示文稿添加一个背景。

好了，这个只有文字内容的教案就做好了，虽然内容很丰富，但大都是文字，显得过于死板，不能很好地调动学生的积极性，课堂气氛也活跃不起来。

下面，我们就利用 PowerPoint 强大的【自定义动画】功能，将实训效果表现出来。

2. 添加动画效果

步骤1:选中第8张“氢氧化铁的制取”这张幻灯片。执行【插入】|【文本框】|【横排】命令,先在幻灯片中插入两个文本框,在其中分别输入:“第一步:取出少量氢氧化钠。”和“第二步:将氢氧化钠滴加到氯化铁中。”然后在幻灯片中插入提前准备好的“试剂瓶.gif”、“滴管.gif”、“氢氧化铁试管.gif”、“氯化铁试管.gif”和“水滴.gif”5张图片。

步骤2:在页面上插入3个文本框,并分别输入“氢氧化钠溶液”、“氯化铁溶液”和“氢氧化铁溶液”。按图6-51所示的位置将它们放好,把“氯化铁溶液”文本框放在“氢氧化铁溶液”文本框的上面。

步骤3:打开【幻灯片放映】菜单,选择【自定义动画】选项。选中幻灯片中的“第一步:取出少量氢氧化钠”文本框,并单击【自定义动画】任务窗格上的【添加效果】按钮,然后选择【进入】,再选择【飞入】,再将【方向】改为【自左侧】,【速度】改为【中速】。单击【播放】按钮便可以观看动画效果了。

步骤4:选中“试剂瓶”中的“滴管”图片,单击【添加效果】按钮,然后选择【动作路径】,再选择【向上】,如图6-52所示。

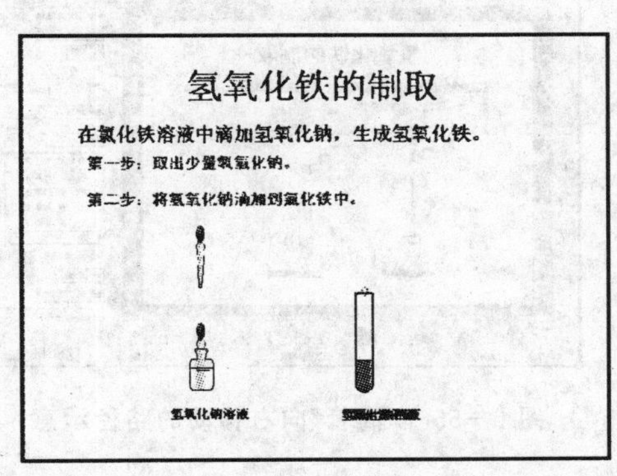

图6-51 图片及文本框的位置示意

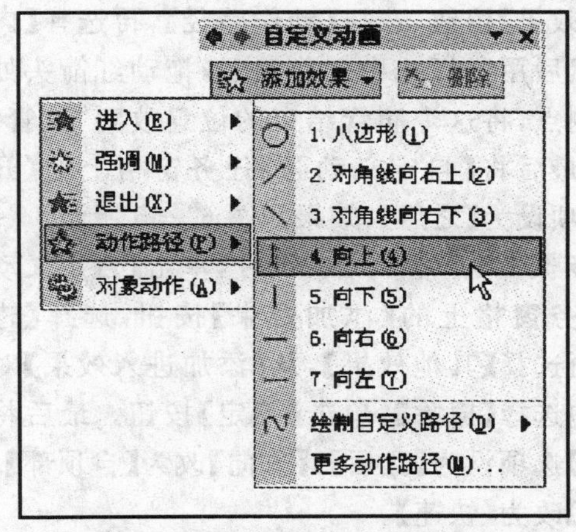

图6-52 为“滴管”添加动画效果

步骤5:用鼠标在以“绿箭头开始,红箭头结束”的路径上单击一下,再拖动红箭头处的控制点,将这个滴管结束的位置与事先放好的上面的那个滴管完全重合。然后将【自定义动画】任务窗格上的【开始】选项设为【之后】,如图6-53所示。

步骤6:选中刚刚设置了【上升】动画的这个滴管,单击【添加效果】按钮,选择【退出】,再选择【其他效果】,从【添加退出效果】对话框中选择【消失】,之后单击【确定】按钮。将【自定义动画】任务窗格上的【开始】选项设为【之后】。

步骤7:这一步选中事先放到试剂瓶上部的“滴管”图片,单击【添加效果】按钮,选择【进入】,再选择【其他效果】,从【添加进入效果】对话框中选择【出现】,单击【确定】按钮。将【自定义动画】任务窗格上的【开始】选项设为【之前】,现在【动画列表】中应该是图6-54所示的样子。

步骤8:选中幻灯片中的“第二步:将氢氧化钠滴加到氯化铁中”文本框,单击【自定义动画】任务窗格上的【添加效果】按钮,选择【进入】,再选择【飞入】,然后将【开始】选项设为【之

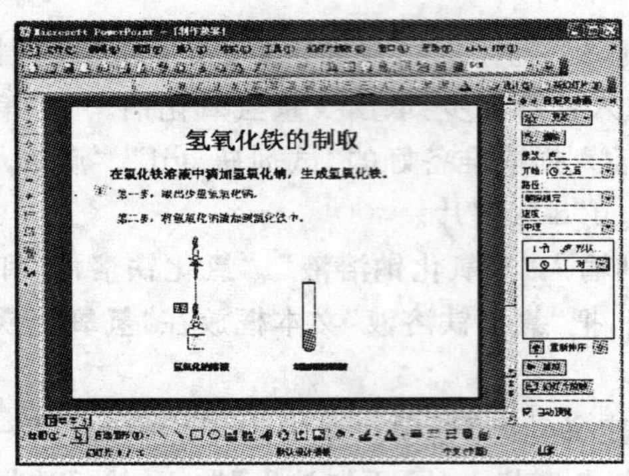

图 6 - 53　滴管动画路径

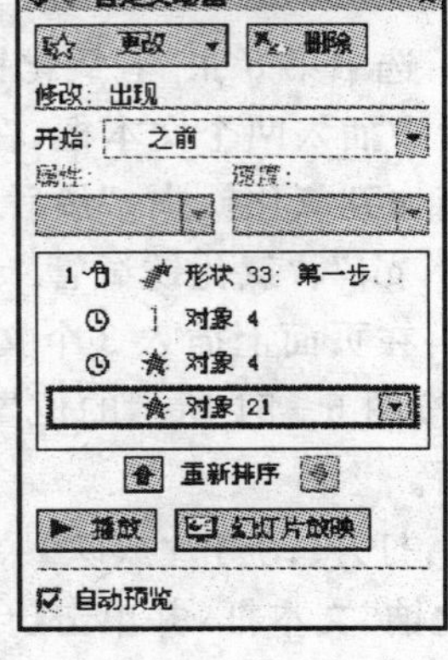

图 6 - 54　动画列表

后】,【方向】改为【自左侧】,【速度】改为【中速】。

步骤 9:选中“试剂瓶”上面的“滴管”,单击【添加效果】按钮,选择【动作路径】,再选择【向右】,然后用鼠标选中动作路径,拖动红箭头处的控制点,将这个滴管结束的位置放到“试管”中间,最后将【自定义动画】任务窗格上的【开始】选项设为【之后】,效果如图 6 - 55 所示。

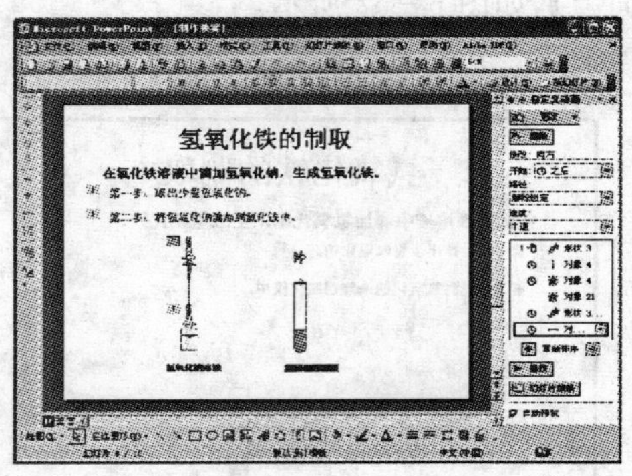

图 6 - 55　“滴管”向右移动的路径示意

步骤 10:选中“水滴”图片,单击【自定义动画】任务窗格上的【添加效果】按钮,选择【进入】,再选择【其他效果】,从【添加进入效果】对话框中选择【擦除】,单击【确定】按钮。最后将【开始】选项设为【之后】,【方向】改为【自顶部】,【速度】改为【快速】。

步骤 11:再次选中“水滴”图片,单击【添加效果】按钮,选择【动作路径】,再选择【向下】,最后用鼠标选中动作路径,拖动红箭头处的控制点,将这个水滴结束的位置放到“试管”的“溶液”中,最后将【自定义动画】任务窗格上的【开始】选项设为【之后】,【速度】改为【中速】。

步骤 12:还要选中“水滴”图片,单击【添加效果】按钮,选择【退出】,再选择【其他效果】,然后从【添加退出效果】对话框中选择【消失】,单击【确定】按钮。最后将【自定义动画】任务窗格上的【开始】选项设为【之后】。现在幻灯片呈现的效果如图 6 - 56 所示。

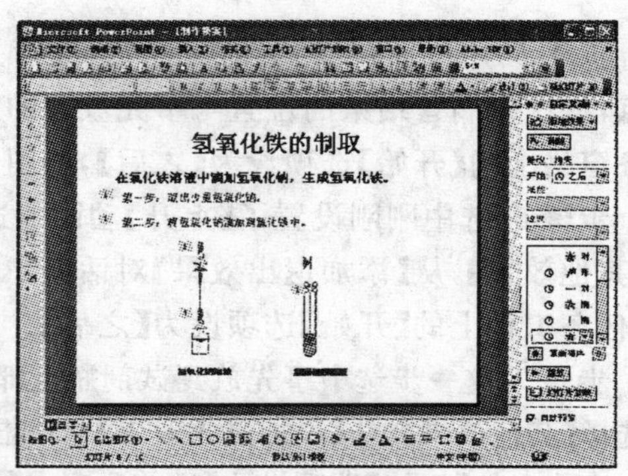

图 6 - 56　动画效果示意

步骤 13:选中“氯化铁试管”图片,单击【添加效果】按钮，选择【退出】，再选择【其他效果】，然后从【添加退出效果】对话框中选择【渐变】，单击【确定】按钮。最后将【自定义动画】任务窗格上的【开始】选项设为【之后】。

步骤 14：选中写有“氯化铁溶液”的文本框，单击【添加效果】按钮，选择【退出】，再选择【其他效果】，从【添加退出效果】对话框中选择【渐变】，单击【确定】按钮。最后将【自定义动画】任务窗格上的【开始】选项设为【之前】，【速度】改为【快速】。

步骤 15：选中写有“氢氧化铁溶液”的文本框，单击【添加效果】按钮，选择【进入】，再选择【其他效果】，从【添加进入效果】对话框中选择【出现】，单击【确定】按钮，将【开始】选项设为【之前】。此时任务窗格中的【动画列表】如图 6－57 所示。

步骤 16：选中“试剂瓶”图片，单击【添加效果】按钮，选择【退出】，再选择【其他效果】，从【添加退出效果】对话框中选择【渐变】，然后单击【确定】按钮。最后将【开始】选项设为【之后】，【速度】改为【快速】。

步骤 17：选中“试剂瓶”上面的“滴管”图片，单击【添加效果】按钮，选择【退出】，再选择【其他效果】，从【添加退出效果】对话框中选择【渐变】，然后单击【确定】按钮。再将【开始】选项设为【之前】，【速度】改为【快速】。

步骤 18：选中写有“氢氧化钠溶液”的文本框，单击【添加效果】按钮，选择【退出】，再选择【其他效果】，从【添加退出效果】对话框中选择【渐变】，再单击【确定】按钮。最后将【开始】选项设为【之前】，【速度】改为【快速】。

步骤 19：选中“氢氧化铁试管”的图片，再单击【添加效果】|【动作路径】|【绘制自定义路径】|【直线】，如图 6－58 所示。

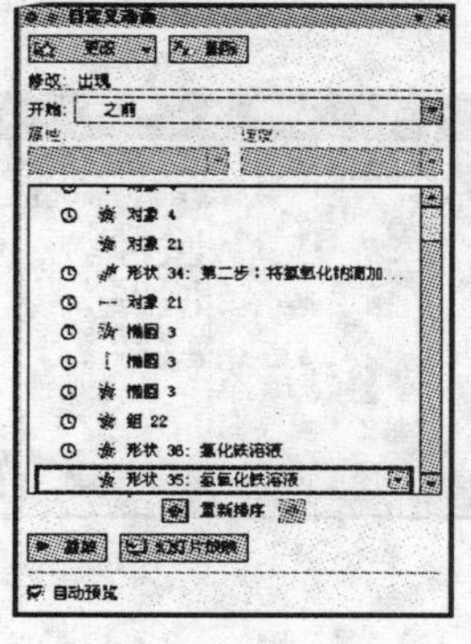

图 6－57 动画列表

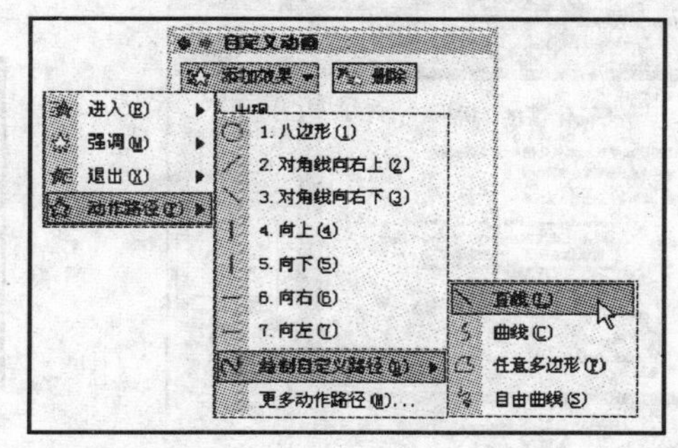

图 6－58 添加“自定义路径”

步骤 20：待鼠标指针变为十字形后，画一条稍向左上的路径，然后将【开始】选项，设为【之后】。

步骤 21：选中写有“氢氧化铁”的文本框，单击【添加效果】按钮，并从中选择【动作路径】，再选择【绘制自定义路径】中的【直线】选项，这时鼠标指针变为“十”字形，同样画一条稍向左上的路径，路径如图 6－59 所示。

再将【开始】选项设为【之前】。

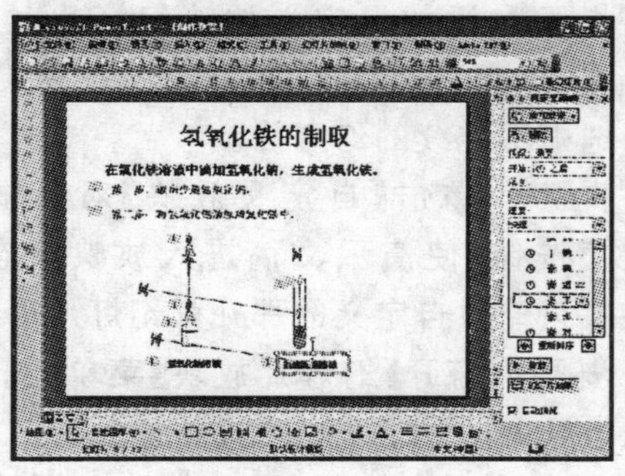

图 6－59 动画效果

步骤 22:在幻灯片的右侧插入一个文本框,写入“可溶性盐与碱反应,生成红褐色的氢氧化铁沉淀,反应方程式如下:”,并插入一个公式“$Fe^{3+}+3OH^{-}=Fe(OH)_3\downarrow$”。

步骤 23:同时选中这两个元素,单击【添加效果】按钮,选择【进入】,再选择【其他效果】,从【添加进入效果】对话框中选择【扇形展开】,单击【确定】按钮。最后将【速度】改为【快速】,将文本框的【开始】选项设为【之后】,最后效果如图 6-60 所示。

好了,这个实训过程的动画终于制作完成了,单击【播放】按钮,欣赏一下我们辛勤劳动的成果吧!

第 10 张幻灯片关于“Fe^{3+}的检验”的实训演示过程,做法与前面介绍的动画效果大致相同,这里不再赘述。

3. 自定义放映的制作

步骤 1:添加了动画效果后这个电子教案已经很丰富充实了,但是现在又有问题出现了,如果一节课讲不了演示文稿中的所有内容,又只想让学生看到演示文稿中的一部分,怎么办呢? 那就让 PowerPoint 中的【自定义放映】功能,来帮助你吧。

步骤 2:打开【幻灯片放映】菜单,选择【自定义放映】选项,便弹出【自定义放映】对话框。单击【新建】按钮,在【幻灯片放映名称】文本框中输入自定义放映的名称,比如“第一节课”。

步骤 3:在【在演示文稿中的幻灯片】列表框中选中第一节课要用的幻灯片,例如选中前 6 张幻灯片,单击【添加】按钮,将它们添加到【在自定义放映中的幻灯片】列表框中。最后单击【确定】按钮,如图 6-61 所示。

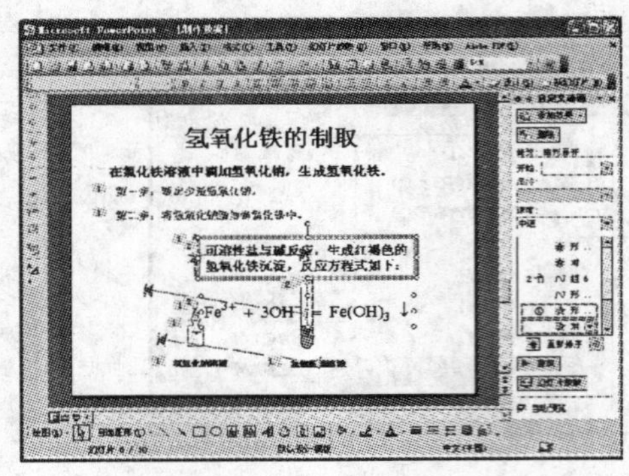

图 6-60 最后幻灯片上的效果

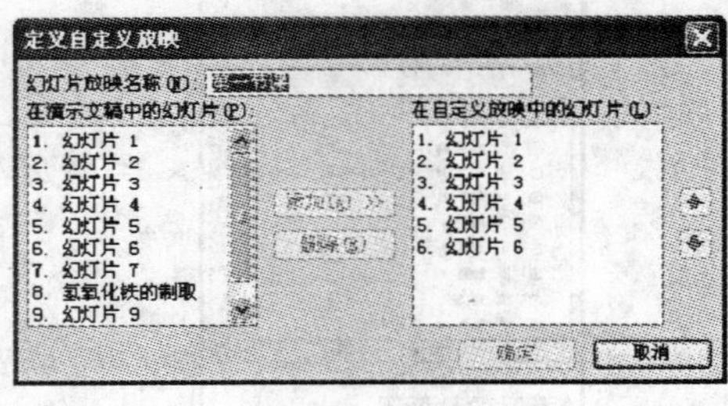

图 6-61 定义自定义放映

步骤 4:添加自定义放映幻灯片时,按住 Shift 键可以选择连续的幻灯片,按住 Ctrl 键可以选中不连续的幻灯片。

步骤 5:单击【自定义放映】对话框中的【放映】按钮,使演示文稿进入放映状态,看!现在就只播放自定义的那几张幻灯片了。

步骤 6:打开【幻灯片放映】菜单,选择【自定义放映】选项,再次单击【新建】按钮。这次将自定义的幻灯片起名为“第二节课”,如图 6-62所示。

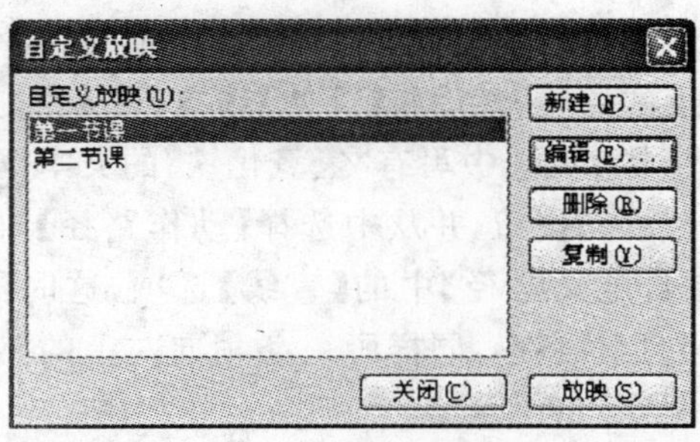

图 6-62 自定义放映列表

步骤 7:将【在演示文稿中的幻灯片】列表框中的后 4 张幻灯片添加到【在自定义放映中的幻灯片】列表框中,单击【确定】按钮。

步骤 8:现在【自定义放映】对话框中便有两个自定义放映的幻灯片了,想播放哪个,只要选中自定义放映的标题,单击【放映】按钮就可以了。

4. 在幻灯片上做标记

在放映幻灯片时,可以边讲解边在幻灯片上指示,以便及时指出所要强调的内容,以引起学生的注意。

步骤 1:按 F5 键来放映演示文稿。

步骤 2:放映到第 2 张幻灯片时,在幻灯片上单击鼠标右键,并从弹出的快捷菜单中选择【指针选项】,在子菜单中选择【画笔】,此时鼠标的指针变成一支小铅笔形,现在就可以在幻灯片上直接书写或绘图指示了,效果如图 6-63 所示。

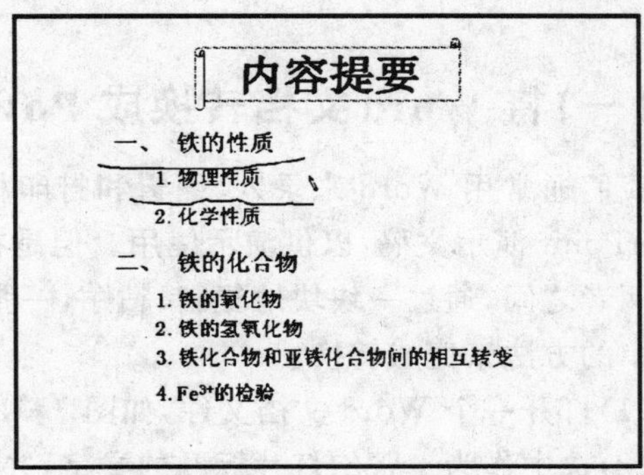

图 6-63　在幻灯片上做标记

如果对绘图笔颜色不满意,还可以更改。

实训七　Office 2003 的综合应用

(一)将 Word 文档转换成 PowerPoint 幻灯片

我们通常用 Word 来录入、编辑和打印材料,而有时需要将已经编辑、打印好的材料做成 PowerPoint 演示文稿,以供演示使用。但是在 PowerPoint 中重新录入既麻烦又浪费时间,如果在两者之间,通过一块块地复制、粘贴,一张张地制成幻灯片,也比较费事。下面我们通过一种简单的方法来完成转换。

(1)打开一个 Word 文档文件,如图 7-1 所示。

(2)选中作为一张幻灯片标题的文字,并设置为"标题 1",选中作为幻灯片正文文字,设置为"标题 2"。其他也依次类推,如图 7-2 所示。

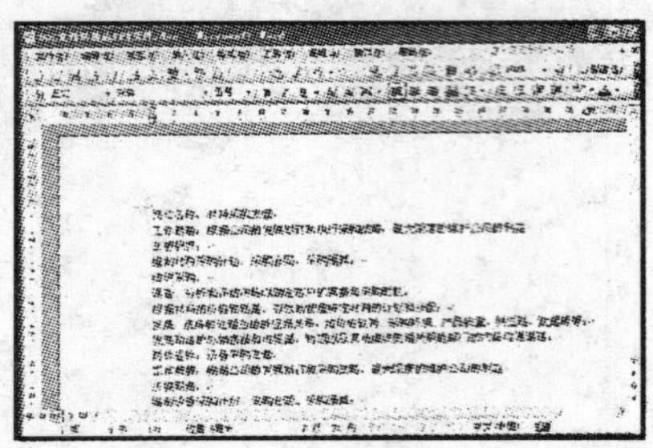

图 7-1　打开 Word 文档内容

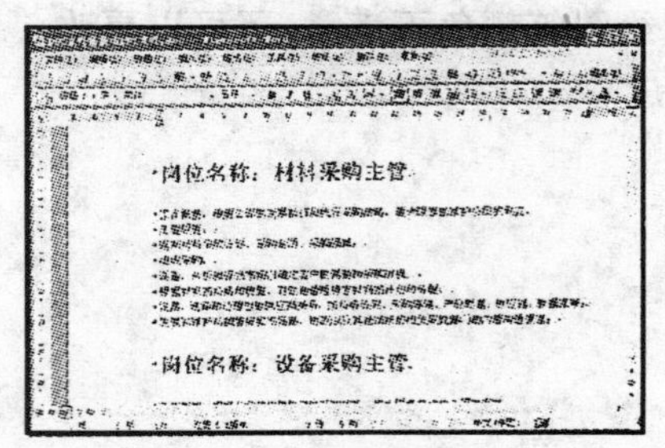

图 7-2　设置 Word 文档内容

(3)在菜单栏上选择【工具】、【自定义】菜单命令,再在弹出的对话框中选择【命令】选项卡,从【类别】列表框中选择【所有命令】,再从【命令】列表框中找到【PresentIt】命令。用鼠标左键按住并拖动【PresentIt】至 Word 的菜单栏或工具栏,然后,单击【关闭】按钮,将【自定义】对话框关闭,如图 7-3 所示。

(4)单击【PresentIt】按钮,PowerPoint 会以文档中的"标题"为段落做成一张幻灯片,如图 7-4 所示。

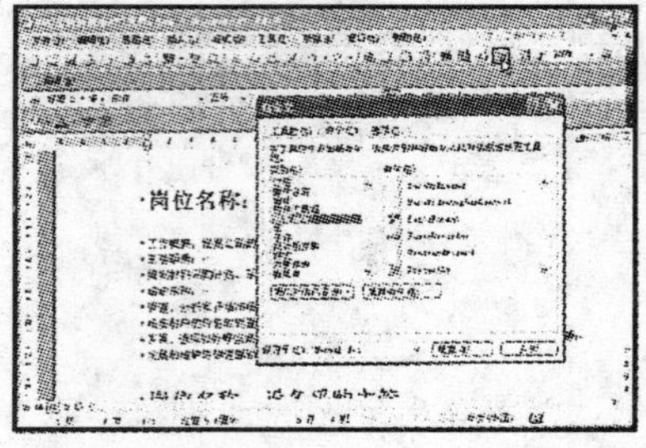

图 7-3　设置自定义工具栏

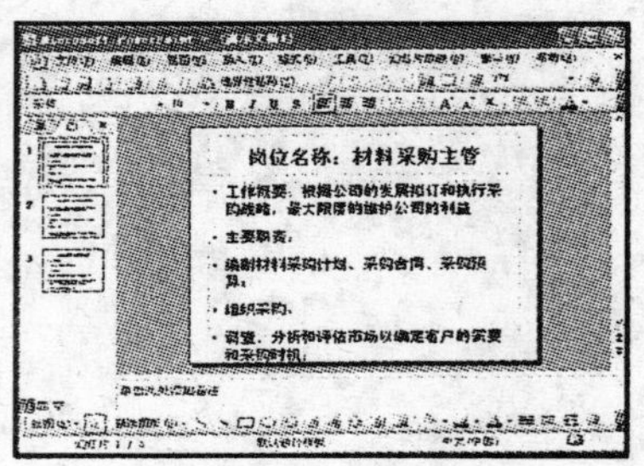

图 7-4　完成幻灯片的效果

(二)在 Word 文档中编辑 PowerPoint 幻灯片

1. 插入 PowerPoint 文稿

把 PowerPoint 文稿作为对象插入有两种情况：一是插入空的 PowerPoint 文稿；二是插入现有的 PowerPoint 文稿。插入现有的 PowerPoint 文稿的方法与插入现有的 Excel 文稿的方法一样。插入空的 PowerPoint 文稿的方法如下：

(1)单击【插入】、【对象】菜单命令。

(2)在弹出的【对象】对话框中选择【新建】选项卡，如图 7－5 所示。

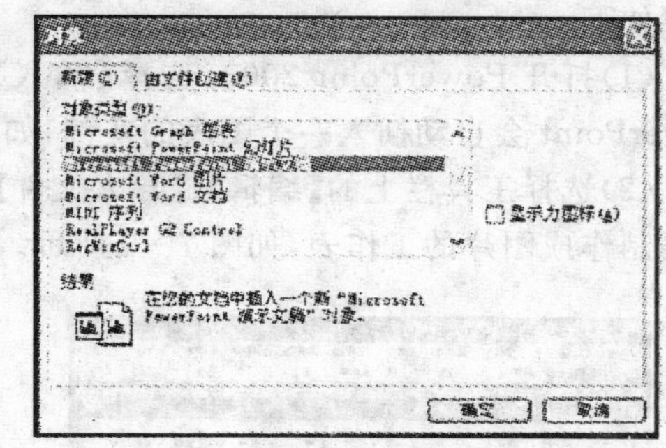

图 7－5　对象窗口

(3)在【对象类型】列表框中选择【PowerPoint 演示文稿】。

(4)单击【确定】按钮，插入的 PowerPoint 文稿，可以像在 PowerPoint 中一样操作该演示文稿。

2. 转换 PowerPoint 文稿

如果要把 PowerPoint 文稿转换为 Word 文档中的一部分，而不是作为 Word 的一个对象，具体的操作步骤如下：

(1)在 PowerPoint 中选择【文件】、【发送】、【Microsoft Office Word】菜单命令。

(2)在弹出的图 7－6 所示的【发送到 Microsoft Office Word】对话框中，选择自己所需的模板，并选择【粘贴】单选项。

(3)如果文稿中有备注，可以选择【备注在幻灯片旁】或者【备注在幻灯片下】单选项，如果不想插入图片，只插入文字，可以选择【只使用大纲】单选项，选定后单击【确定】按钮。

图 7－7 显示的是选择【备注在幻灯片下】选项后插入有 PowerPoint 文稿的文档。

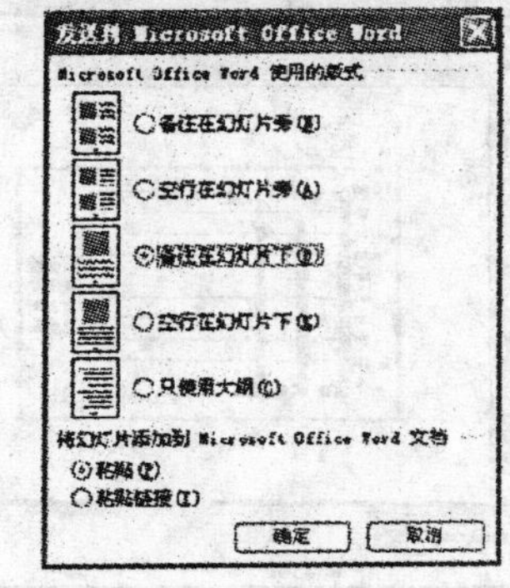

图 7－6　发送到 Microsoft Office Word 窗口

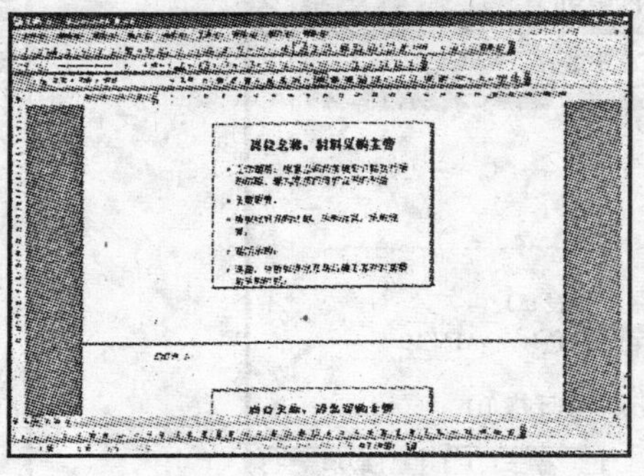

图 7－7　完成效果图

(三)将 Excel 文档制作成幻灯片

用 PowerPoint 制作图表幻灯片其实是一件很容易的事，麻烦的是图表中所用的数据的输入。要想直接利用 Excel 中的原始数据来创建图表必须有一份原始的数据文件，具体的操作步骤如下。

(1)打开 PowerPoint 2003，选择【插入】、【图表】菜单命令，插入一张图表幻灯片，此时 PowerPoint 会自动插入一个图表的实例，如图 7－8 所示。

(2)选择工具栏上的【编辑】、【导入文件】菜单命令，弹出一个【输入数据选项】对话框，选择需要制作成图片的工作表，如图 7－9 所示。

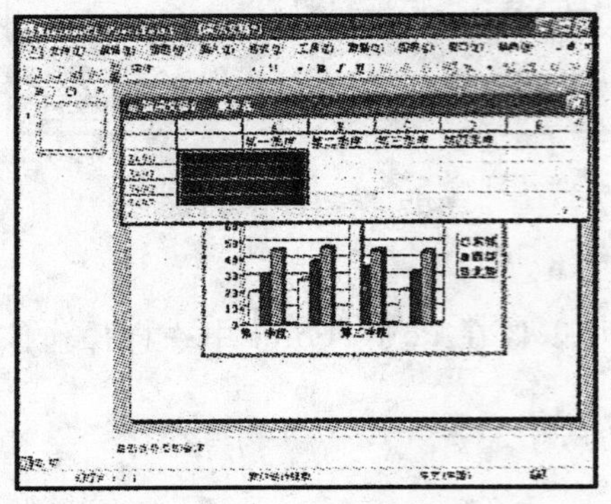

图 7－8　在 PowerPoint 2003 中插入图表

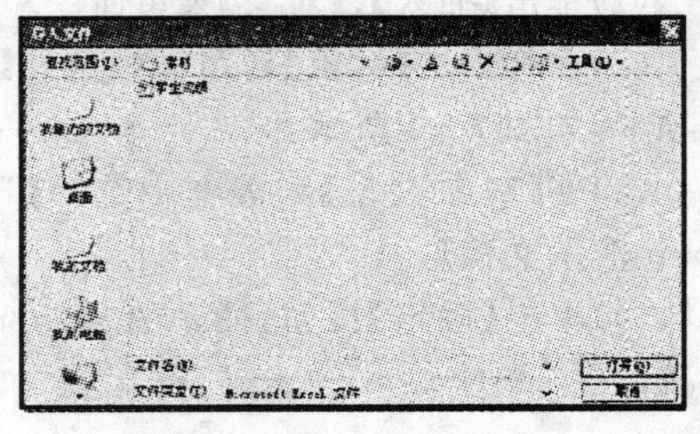

图 7－9　导入数据

如果只需要导入工作表的一部分内容，单击【选定区域】单选项，并在后面的文本框中输入要导入的区域。这里有一点需要注意，选中的区域必须是连续的单元格或行列，最后勾选【覆盖现有单元格】复选框，如图 7－10 所示。

(3)单击【确定】按钮。

(4)适当调整图表。在数据表中删除多余的空行。然后选择【数据】、【列中系列】菜单命令，让图表按列分类显示，整体效果便可一目了然，如图 7－11 所示。

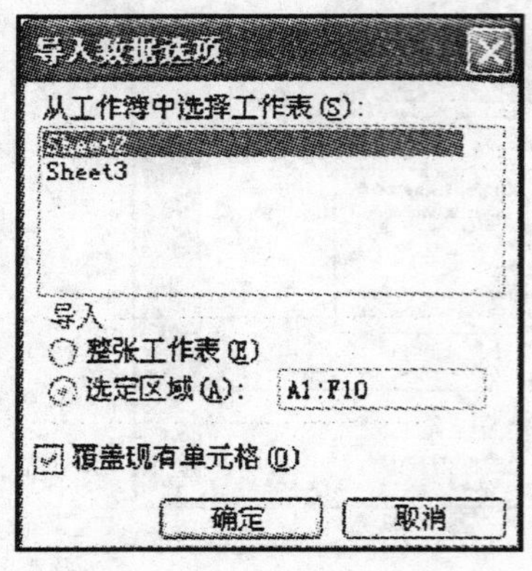

图 7－10　导入部分数据

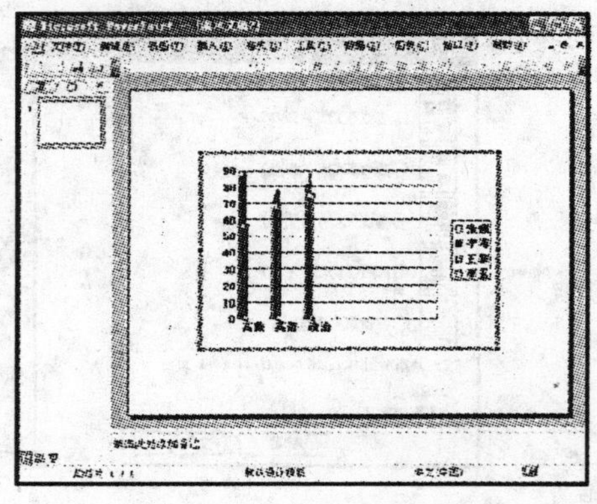

图 7－11　完成效果图

(四)创建 Word 信封

Word 2003 中文版还提供了信封向导，可以帮助用户编辑信函。编辑信封包括编辑中文式信封和编辑英文式信封。英文式信封用得不多，这里主要介绍编辑中文式信封。

(1)选择【工具】、【信函与邮件】、【中文信封向导】菜单命令，弹出【信封制作向导】对话框，如图 7-12 所示。

(2)选中所要用的信封样式。【信封制作向导】对话框中提供了所用的国家标准信封规格，例如选定【普通信封 2】，如图 7-13 所示。

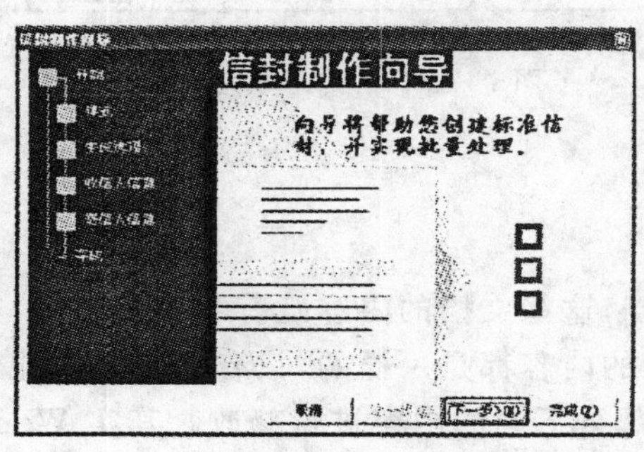

图 7-12　中文信封制作向导窗口

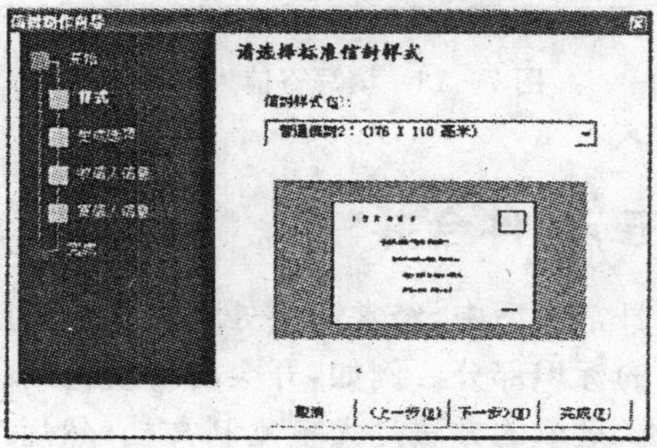

图 7-13　选择信封样式

(3)单击【下一步】按钮，可以选择生成单个还是多个信封，如生成多个信封，可选择一个地址本。这里我们选择【生成单个信封】单选项，同时，还可根据需要选择【邮政编码是否添加边框】复选框，如图 7-14 所示。

(4)单击【下一步】按钮，信封向导要求用户输入收信人的姓名、地址和邮编等内容，如图 7-15所示。

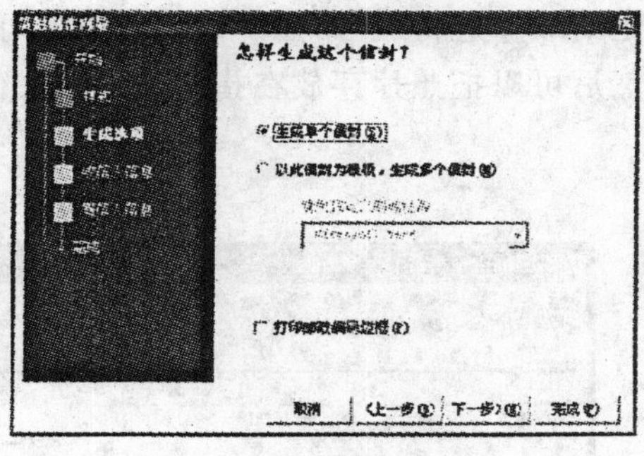

图 7-14　生成单个信封

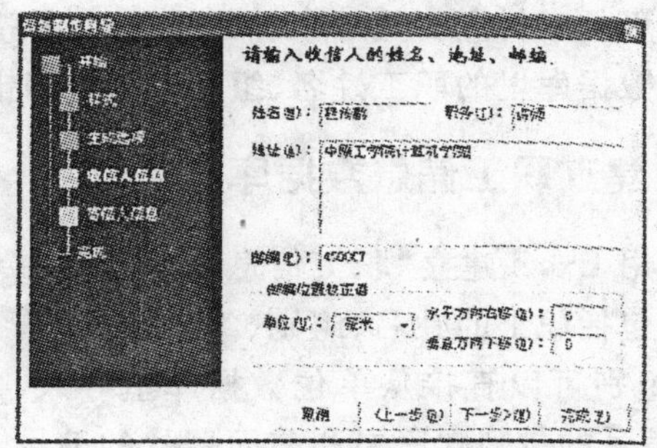

图 7-15　填写收信人信息

(5)单击【下一步】按钮，信封向导要求用户输入寄信人的姓名、地址和邮编等内容，如图 7-16示。

(6)单击【下一步】按钮，信封向导显示信封编辑已经完成，如图 7-17 所示。

(7)单击【完成】按钮，即可创建一个信封。

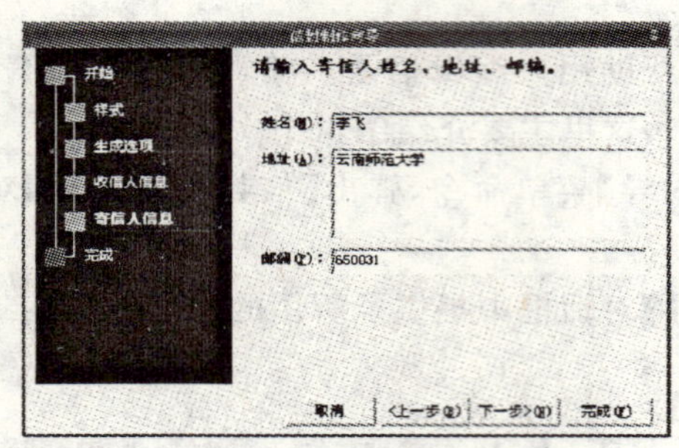

图 7-16　填写寄信人信息

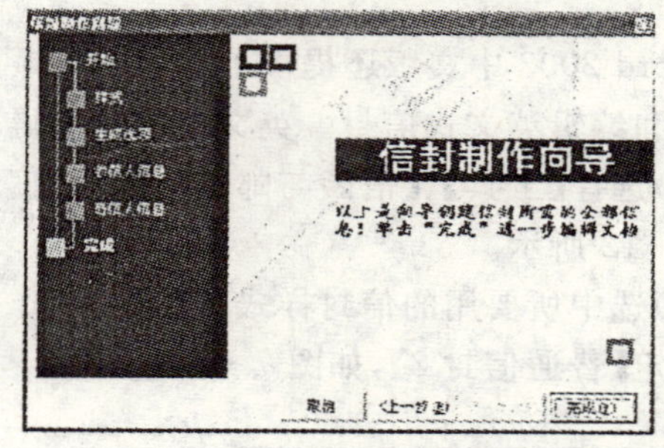

图 7-17　信封向导完成效果

(五)邮件合并

在日常生活中，经常需要处理大量的通用文档，这些文档的内容既有相同的部分，又有格式不同的标识部分。例如，开会时要发通知，通知的内容都是一样的，只有每个人的姓名和称呼不同。最笨的方法是大量复制文档，然后对小部分不同的内容进行修改。其实 Word 提供了邮件合并的功能，可以快速高效地处理这种文档，Word 称之为合并文档。

一般来说，任何形式的合并文档都由两个文件组成：一个主文件和一个数据源。主文件中包含着每个分类文档所共有的标准文字和图形，数据源中包含着需要变化的信息。当主文件和数据源合并时，Word 能够用数据源中相应的信息代替主文件中的对应域，生成合并文档。

要进行邮件合并，首先要创建一个主文档，包括所有分类文档都有的文字和图形，下面以批量制作有照片的工作证为例介绍邮件合并的方法。

1. 素材的准备

这里的素材主要是每个职工的照片，并按一定的顺序进行编号，照片的编号顺序可以根据单位的数据库里的职工姓名、组别顺序来编排。然后可以把照片存放在指定磁盘的文件夹内。

2. 建立职工信息数据库

使用 Excel 建立“职工信息表”，在表中要分别包括职工的姓名、组别、编号和照片，姓名、组别可以直接从单位数据库里导入，姓名、编号的排列顺序要和前面照片的编号顺序一致，照片一栏并不需要插入真实的图片，而是要输入此照片的磁盘地址(此处用的是相对地址，即图片文件和 Word 文档在同一个目录下面，所以直接输入图片的文件名即可)，如图7-18所示。

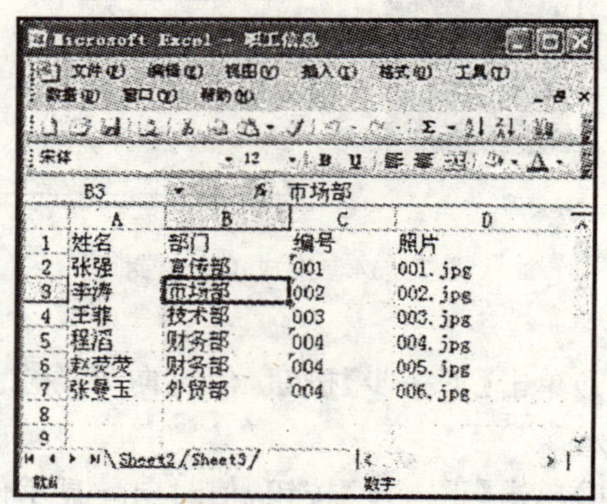

	A	B	C	D
1	姓名	部门	编号	照片
2	张强	宣传部	001	001.jpg
3	李涛	市场部	002	002.jpg
4	王菲	技术部	003	003.jpg
5	程滔	财务部	004	004.jpg
6	赵荧荧	财务部	004	005.jpg
7	张曼玉	外贸部	004	006.jpg
8				
9				

图 7-18　职工信息表

3. 创建工作证模板

启动 Word 2003，现在先建立一个主文档，设计排版出图 7－19 所示的一个表格来。

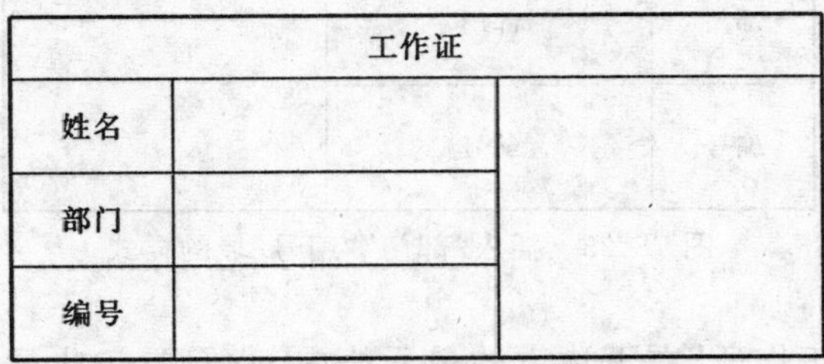

工作证		
姓名		
部门		
编号		

图 7－19　工作表样式

4. 添加域

(1)单击【视图】、【工具栏】和【邮件合并】菜单命令，调出【邮件合并】工具栏，如图 7－20 所示。

(2)单击【邮件合并】工具栏上的【打开数据源】按钮(左边第 2 个图标)，弹出【选择数据源】对话框，选择刚才建立的“职工信息表”，单击【打开】按钮，弹出【选择表格】对话框，在【选择表格】对话框中选择“Sheet2＄”，如图 7－21 所示。单击【确定】按钮返回主文档。

图 7－20　邮件合并工具栏

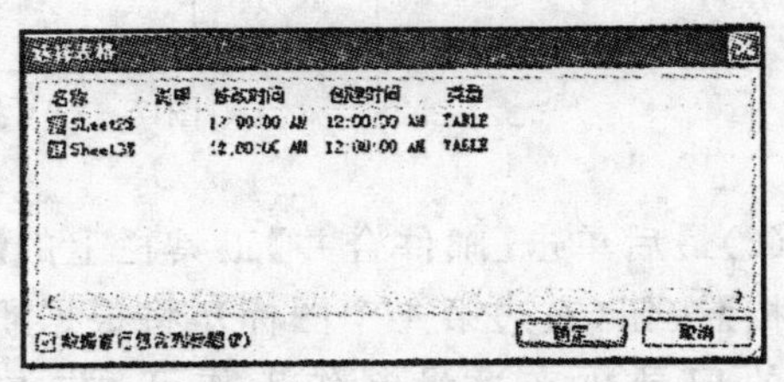

图 7－21　选择数据源

(3)将光标定位到“姓名”后面的单元格，单击【邮件合并】工具栏上的【插入域】按钮(左边第 6 个图标)，弹出【插入合并域】对话框，在该对话框中的域列表中选择“姓名”，单击【插入】按钮，将其插入到指定位置，如图 7－22 所示。单击【关闭】按钮返回主文档。

(4)以相同的方法将“部门”、“编号”域分别插入到主文档中相应的位置，效果如图 7－23 所示。

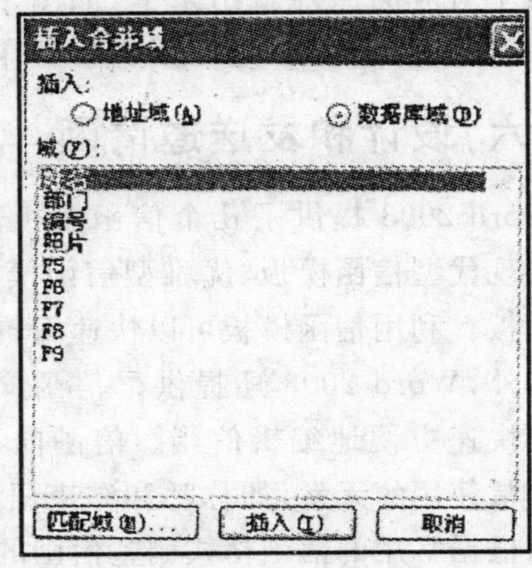

图 7－22　插入合并域窗口

<table>
<tr><td colspan="3">工作证</td></tr>
<tr><td>姓名</td><td>《姓名》</td><td rowspan="3"></td></tr>
<tr><td>部门</td><td>《部门》</td></tr>
<tr><td>编号</td><td>《编号》</td></tr>
</table>

图 7－23 插入“部门”“编号”域的样式

(5)将光标定位于“工作证”右下边大的单元格内，我们要在此显示职工的照片。按【Ctrl＋F9】组合键来插入域，此时单元格内会出现一对大括号，在其中输入“INCLUDEPICTURE" {MERGEFIELD"照片"}""(不含外边引号)，注意其中的大括号也是按【Ctrl＋F9】来插入的。

<table>
<tr><td colspan="3">工作证</td></tr>
<tr><td>姓名</td><td>《姓名》</td><td rowspan="3">INCLUDEPICTUR" {MERGEFIELD"照片"}"</td></tr>
<tr><td>部门</td><td>《部门》</td></tr>
<tr><td>编号</td><td>《编号》</td></tr>
</table>

图 7－24 插入“照片”域的样式

(6)最后单击【邮件合并】工具栏上的【合并到新文档】按钮(右边第 4 个图标)，将根据职工信息表中的记录数来批量制作工作证，并重新生成 Word 文档，按【Ctrl＋A】组合键全选，再按【F9】键，每位员工对应的照片就出来了，如图 7－25 所示，至此，“工作证”制作完毕，然后直接打印即可。

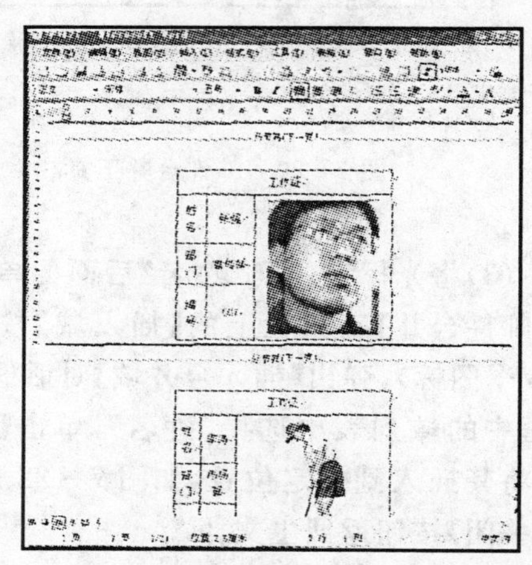

图 7－25 完成效果

(六)设计和发送邀请函

Word 2003 提供了几个信函模板，分别为中、英文的现代型信函模板、优雅型信函模板和专业型信函模板。利用信函模板可以快速编辑信函。

另外，Word 2003 还提供了信函向导，可以帮助用户快速方便地编辑信函。信函向导中提供了信函经常使用的元素，如称呼和结束语。信函向导还可以根据常用的信函格式调整信函的结构。如果要利用信函向导编辑信函，具体操作步骤如下。

(1)选择【文件】、【新建】菜单命令,打开【新建文档】任务窗格。

(2)选择【模板】标题下的【本机上的模板】命令,打开【模板】对话框,可以根据需要单击打开【常用】、【报告】、【备忘录】等 9 种选项卡来选择模板。

(3)切换到【信函和传真】选项卡,如图 7-26 所示。

(4)选择【信函向导】,单击【确定】按钮,弹出【英文信函向导】对话框,如图 7-27 所示。

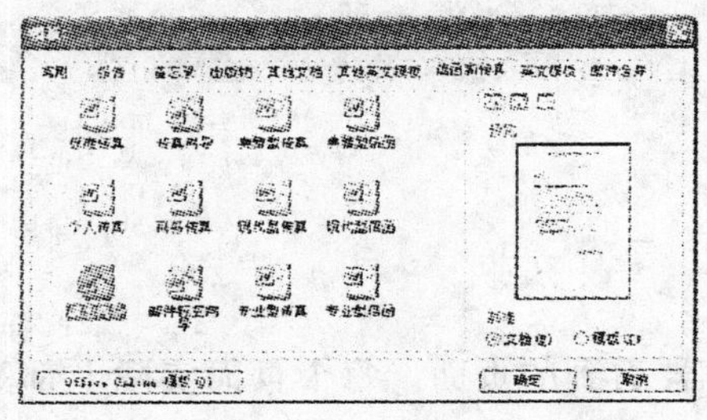

图 7-26　模板窗口　　图 7-27　英文信函向导窗口

(5)单击【确定】按钮,弹出【英文信函向导】对话框,如图 7-28 所示。

(6)单击【下一步】按钮,完善【收信人信息】、【其他内容】、【寄信人信息】等选项卡内容。

(7)单击【完成】按钮,即可创建一份信函。选择占位符的位置,然后键入所需的文本。例如,选择【尊敬的先生/女士】以将其位置选定,再键入姓名,如图 7-29 所示。

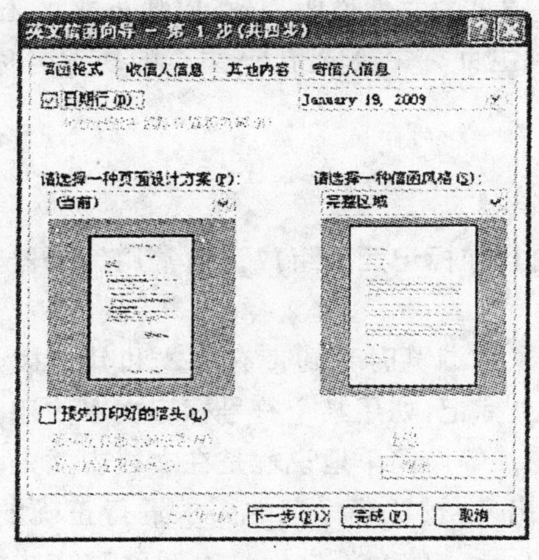

图 7-28　英文信函样式设置

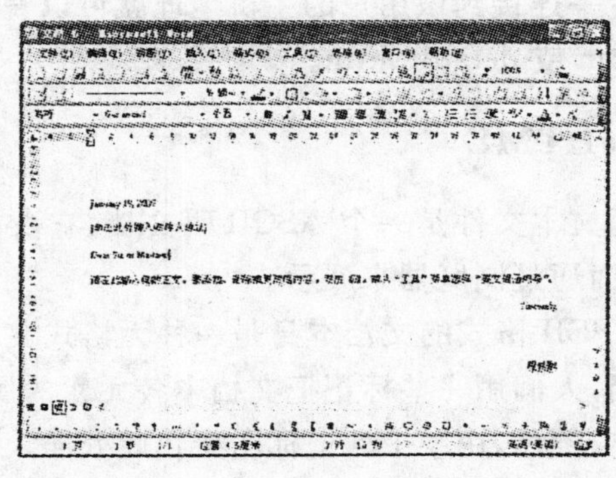

图 7-29　完成效果

实训八 FrontPage 2003 的使用

(一)FrontPage 2003 的基础

1. 网页

所谓网页(Web Page),就是在网上用浏览器看到的页面。每个页面实际上都是一个独立的文件,它是把一些信息根据需要链接起来的管理技术,可以通过一个文本中的链指针打开另外一个相关的文本,只要用鼠标点击文本中高亮度或带下划线的条目,便可以得到相关的信息。这样的文本被称为超文本(Hyper Text),包含超文本技术的文件称为超文本文件,它的扩展名一般采用 htm 或 html。

网站是一个包括多个由超级链接连在一起的网页集合。它的首页被称为主页(HomePage),是访问一个网站时缺省看到的第一个超文本文件。如果一个用户要用 Internet 展示自己的信息,首先要设计主页,它应该是个画面精美的简要目录。主页的文件名应该与 Internet 服务器系统配置文件中指定的 Internet 缺省页的文件说明一致,以便外来的 Internet 访问者一连接到该用户的主机地址就可以直接看到主页。一般情况下,主页的缺省名称是 index. htm 或 default. htm。

2. HTML

超文本文件是一个 ASCII 码文档,它由文本内容和标记元素组成。通常用编辑器建立或修改,而通过浏览器来展示。

ASCII 格式的文档本身是一种无格式文档,为了在浏览时看到带有格式和其他插入元素的文档,人们用一些标记把文档中各元素的属性做上标记,如用某个符号标记文字使用什么样的字体、颜色,用某个标记标明要在此处插入一个图片等。简单地说就是在文档中插入一些标记文档元素的注释,然后由浏览器把这些注释翻译出来,按注释标记的要求进行正确的显示。这些注释标记需要有一定的规范,否则就不可能进行正常的交流。于是人们就对这些注释标记进行了规定,这就是 HTML。它是“超文本标记语言”,英文名称 Hyper Text Markup Language 的缩写。

只要掌握了“超文本标记语言”(HTML),就可以用任何一种文本编辑器来制作网页,但用 HTML 编辑网页时需要记住大量的控制字符,因此普通人很难用它来制作网页。为了解决这个问题,不少软件公司开发出了“所见即所得”的网页制作软件。

3. FrontPage 2003 的基本功能

FrontPage 2003 是一种能够快速便捷地制作网页的工具,无论用户是否具有网页制作经验，FrontPage 2003 都能帮助用户创建漂亮的站点，用户无需花费太多时间就能够掌握它。FrontPage 的站点发布程序将站点创建的权利赋予每一个人，无论是否懂得 HTML 语言都能够利用 FrontPage 发布自己的网页。

FrontPage 提供了类似于文字处理软件的界面，来帮助用户创建网页。用户只需使用菜单或按钮，便可在网页上插入或编辑文本、图形、动画等信息，同时 FrontPage 还提供了 HTML 标注视图，使用户可以查看网页的编码。FrontPage 不仅有助于网页的制作，而且还利于站点结构、内容的维护。用户可以利用它创建新的站点，还可导入要维护的站点、完成其他站点的管理等任务。利用 FrontPage Web Server，用户可在站点发布之前，在自己的计算机中建立和检测站点。此外，FrontPage 还提供了其他一些方便用户的功能，如可以利用 Internet Explorer 在发布站点之前浏览自己的站点。

FrontPage 2003 除了具有上述功能外，它还可以同 Office 2003 的其他组件合作创建网页。

（二）FrontPage 2003 的启动和退出

在学习 FrontPage 2003 其他知识前，首先来掌握其启动和退出的方法。

1. 启动 FrontPage 2003

启动 FrontPage 2003 主要有以下两种方法：

(1)双击桌面上的 FrontPage 2003 快捷方式图标，即可启动 FrontPage 2003。

(2)单击“开始”按钮，然后在弹出的“开始”下拉菜单中选择“所有程序”→“Microsoft Office”→“Microsoft Office FrontPage 2003”命令，即可启动 FrontPage 2003。

2. 退出 FrontPage 2003

退出 FrontPage 2003 应用程序可采用以下 3 种方法：

(1)选择“文件”→“退出”命令。

(2)单击窗口右上角的“关闭”按钮。

(3)双击窗口左上角的控制按钮。

（三）FrontPage 2003 的窗口

FrontPage 2003 的窗口界面与 Word 类似，由标题栏、菜单栏、工具栏和状态栏等组成，如图 8－1 所示。

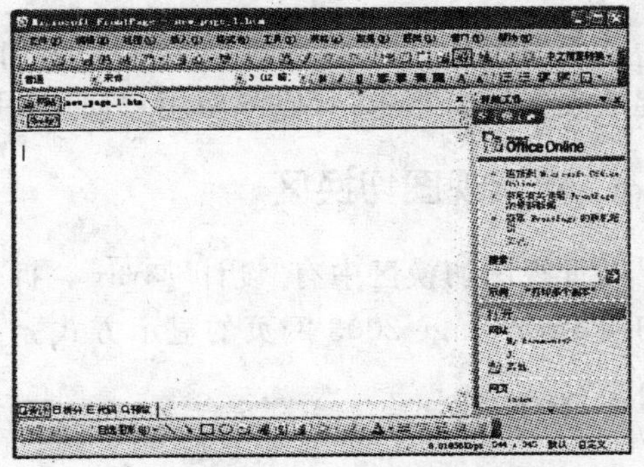

图 8－1　FrontPage 2003 窗口界面

1. 标题栏

标题栏位于窗口的最顶端，由“控制”按钮、窗口标识和窗口按钮 3 部分组成。“控制”

按钮位于标题栏的最左侧，单击该按钮可弹出控制下拉菜单，在该下拉菜单中选择相应的命令，可以对窗口进行最小化、最大化、移动、关闭等操作；窗口标识位于控制按钮右侧，用于显示当前打开或新建网页的名称和路径；窗口按钮位于标题栏最右侧，主要包括“最小化”按钮、“最大化”按钮和“关闭”按钮。

2. 菜单栏

FrontPage 2003 的菜单栏中有“文件”文件(F)、“编辑”编辑(E)、“视图”视图(V)、“插入”插入(I)、“格式”格式(O)、“工具”工具(T)、“表格”表格(A)、“数据”数据(D)、“框架”框架(R)、“窗口”窗口(W)和“帮助”帮助(H) 11 个菜单项。选择菜单中的命令，可执行相应的操作。

3. 工具栏

FrontPage 2003 的工具栏包括“常用”工具栏和“格式”工具栏，如图 8－2、图 8－3 所示，使用工具栏中提供的各种工具按钮，可以帮助用户快速地完成操作。

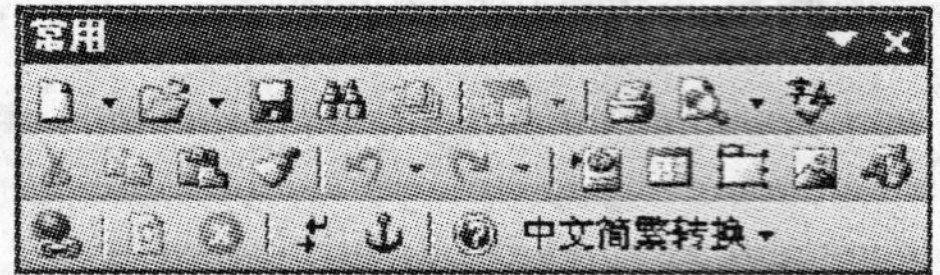

图 8－2　常用工具栏

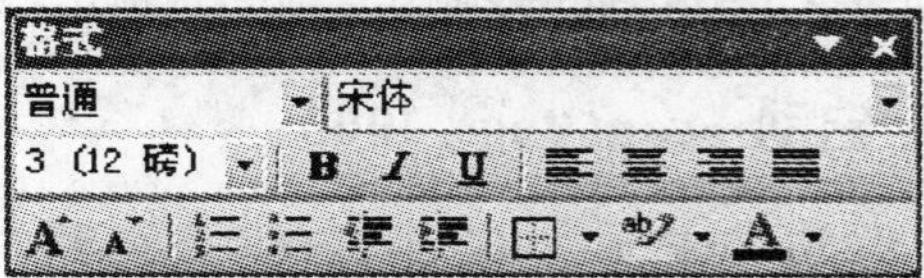

图 8－3　格式工具栏

提示：在工具栏中单击鼠标右键，在弹出的快捷菜单中选择相应的选项，可以隐藏或打开该工具栏。

4. 编辑区

编辑区指窗口中的空白区域，用来显示或编辑网页内容。

5. 任务窗格

任务窗格是 FrontPage 2003 新增的功能，它将 FrontPage 2003 中一些常用的任务组合在一起放置在该窗格中，可以方便用户使用，用户可以按“Ctrl＋F1”快捷键来打开任务窗格。

6. 网页视图切换区

网页视图切换区中有“设计”设计、“拆分”设计、“代码”设计和“预览”设计 4 个按钮，用来切换 FrontPage 2003 网页的显示方式。

7. 状态栏

状态栏位于窗口的最下方，用于显示 FrontPage 2003 的各种状态。

(四)实例:音乐网

1. 制作目的

本例制作一个音乐网,如图 8-4 所示。在制作过程中,将用到框架网页的创建、制作框架内容、保存框架网页、设置目标链接、层等知识。

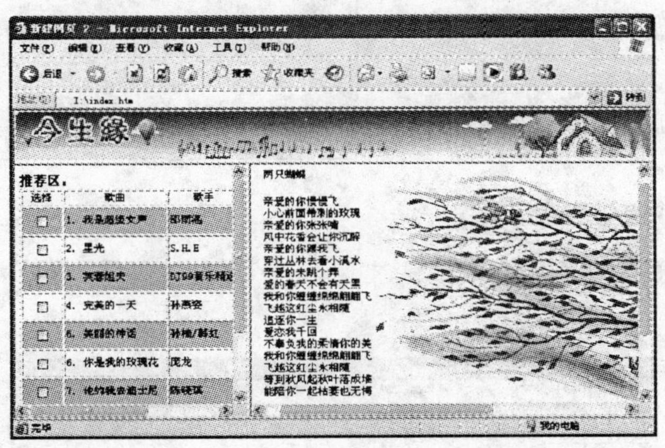

图 8-4　最终效果图

2. 操作步骤

(1)启动 FrontPage 2003 应用程序,选择“文件”文件(F)→“新建”新建(N)...命令,弹出如图 8-5 所示的“新建”新建任务窗格。

(2)在“新建网页”选区中单击“其他网页模板”其他网页模板超链接,在弹出的“网页模板”网页模板对话框中打开“框架网页”框架网页选项卡,如图 8-6 所示。

(3)在该选项卡中选中横幅和目录图标,单击“确定”确定按钮,创建如图 8-7 所示的框架网页。

(4)单击上框架中的“新建网页”新建网页(N)按钮,该框架即可变成一个空白网页。

(5)将光标置于该空白网页中,单击“格式”工具栏中的“插入层”按钮,在该空白网页中插入一个层。

(6)选中该层,当层的四周出现 8 个控制点后,将鼠标移到层右下角的控制点上,当鼠标变成↘形状时,按住鼠标左键拖动,调整层的大小。

(7)将鼠标移到层的左上角,当鼠标指针变成✥形状时,按住鼠标左键将层拖动到网页的左上角后释放鼠标左键。

(8)将光标置于该层中,选择“插入”插入(I)→“图片”图片(P)→“来自文件”来自文件(F)...命令,弹出如图 8-8 所示的“图片”图片对话框。

(9)在“查找范围”下拉列表中选择图片的保存位置,然后选择所需的图片,单击“插入”

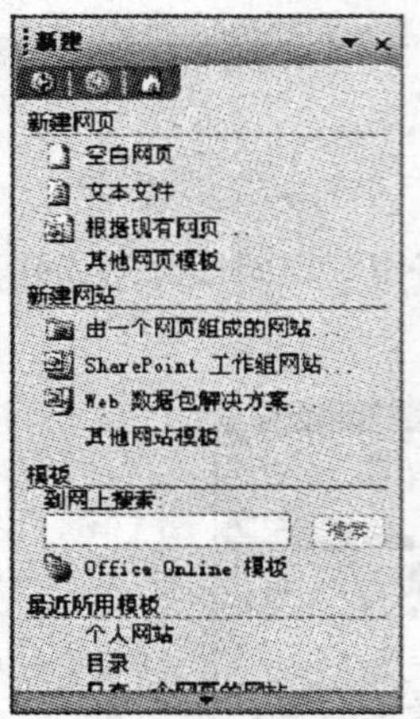

图 8-5　“新建”任务窗格

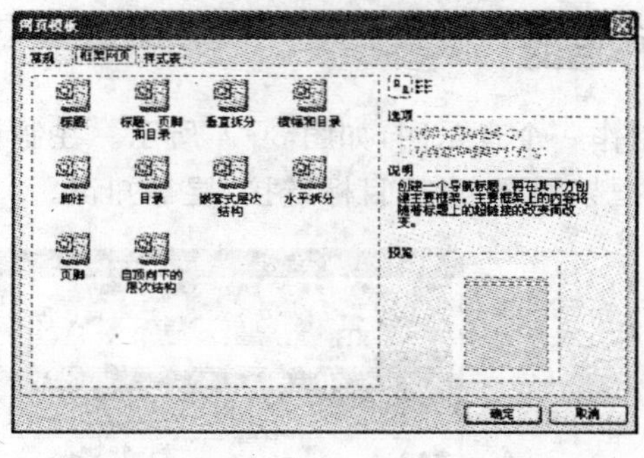

图 8-6　“框架网页”选项卡

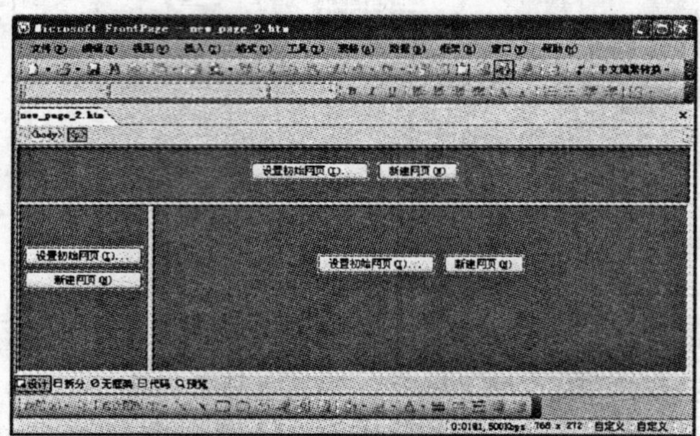

图 8-7　创建框架网页

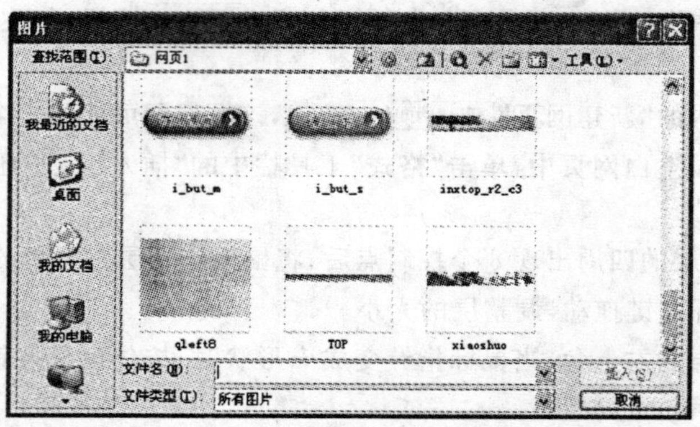

图 8-8　“图片”对话框

插入(I) 按钮，将该图片插入到层中。

(10)单击下端左侧框架中的“新建网页” 新建网页(N) 按钮，该框架即可变成一个空白网页。

(11)将鼠标置于该框架网页中，单击鼠标右键，在弹出的快捷菜单中选择“在新窗口中打开网页” 在新窗口中打开网页(O) 命令，即可在一个新窗口中打开该网页，并且在该窗口中编辑网页。

(12)选择“插入” 插入(I) →“表单” 表单(R) 命令，插入一个表单。

(13)在光标所在位置输入“关键字:”，然后选择“插入” 插入(I) →“表单” 表单(R) →“文本框” 文本框(T) 命令，插入一个文本框表单域。

(14)双击所插入的文本框表单域，弹出如图 8-9 所示的“文本框属性” 文本框属性 对话框。

(15)在“宽度”文本框中输入“12”，然后单击“确定” 确定 按钮。

(16)双击“提交” 提交 按钮，弹出如图 8-10 所示的“按钮属性” 按钮属性 对话框。

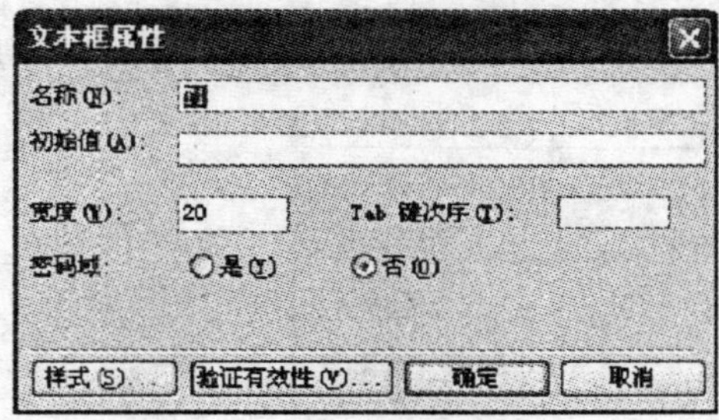

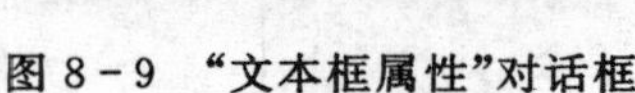
图 8-9　“文本框属性”对话框

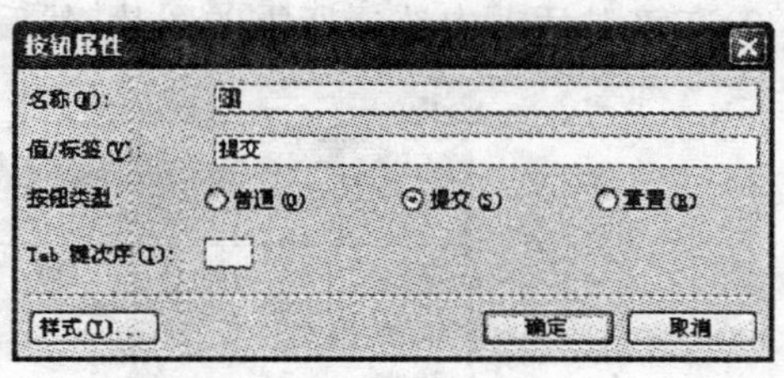

图 8-10　“按钮属性”对话框

(17)在该对话框中的“值/标签”文本框中输入“搜索”，然后单击“确定” 确定 按钮。

(18)选中“重置” 重置 按钮，然后按“Delete”键，删除该按钮。

(19)另起一行插入一个 14 行 2 列的表格，然后选中第一行表格，在该表格中单击鼠标右键，在弹出的快捷菜单中选择“合并单元格” 合并单元格(M) 命令，将这两个单元格进行合并。

(20)将光标置于合并后的单元格中，选择“插入” 插入(I) →“图片” 图片(P) →“来自文件” 来自文件(F)... 命令，弹出“图片” 图片 对话框(图 8-8)。

(21)在该对话框中选择所需的图片，然后单击“插入” 插入(I) 按钮。

(22)分别在第 2 行、第 3 行和第 4 行的单元格中输入文本内容，输完后选中所有的文本，然后单击“格式”工具栏中的“左对齐”按钮，设置后的效果如图 8-11 所示。

(23)按同样方法在其他单元格中插入图片、输入文本并设置文本的对齐方式。

(24)关闭该网页，返回到框架网页中，制作后的框架效果如图 8-12 所示。

(25)单击下端右侧框架中的“新建网页” 新建网页(N) 按钮，该框架即可变成一个空白网页。

(26)单击“格式”工具栏中的“插入层”按钮，在该空白网页中插入一个层。

(27)选中该层，当层的四周出现 8 个控制点后，将鼠标移到层右下角的控制点上，当鼠标变成↘形状时，按住鼠标左键拖动，调整层的大小。

(28)将鼠标移到层的左上角，当鼠标指针变成✥形状时，按住鼠标左键将层拖动到网页

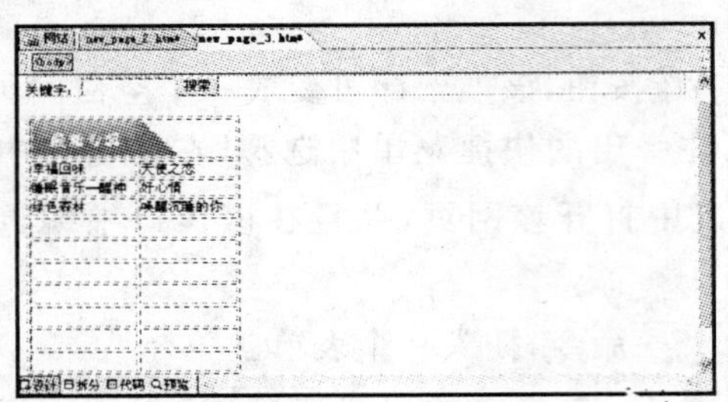

图 8－11　设置文本效果

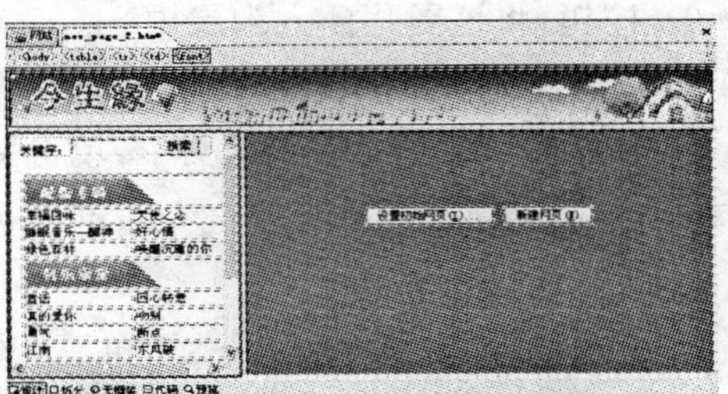

图 8－12　制作框架网页效果

的左上角后释放鼠标左键。

(29)将光标置于该层中，选择“插入”插入(I)→“图片”图片(P)→“来自文件”来自文件(F)...命令，弹出“图片”图片对话框(图 8－8)。

(30)在该对话框中选择所需的图片，然后单击“插入”插入(I)按钮，效果如图 8－13 所示。

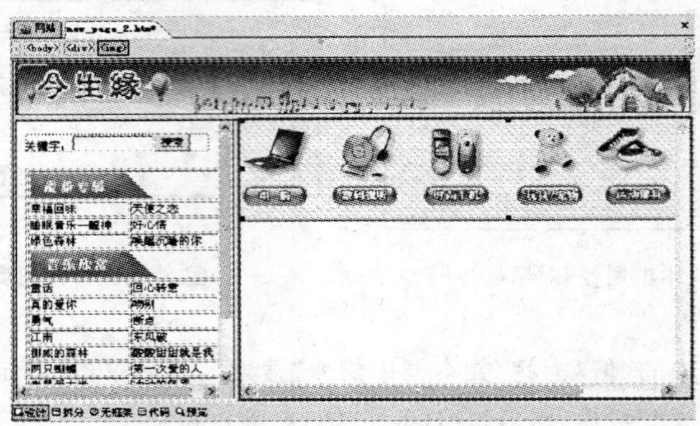

图 8－13　插入图片效果

(31)将光标置于层下方，插入一个 12 行 2 列的表格。

(32)选中第一行单元格，然后在选中的第一行单元格中单击鼠标右键，在弹出的快捷菜单中选择“合并单元格”合并单元格(M)命令，将第一行单元格进行合并。

(33)将光标置于合并后的单元格中输入文本“最新专辑推荐视听”，输完后选中该文本，单击“格式”工具栏中的“加粗”按钮B和“居中”按钮。

(34)将光标置于该文本后按几次空格键后再输入文本“更多……”。

(35)将光标置于其他单元格中输入文本内容，输完后选中所有的文本，单击“格式”工具栏中的“左对齐”按钮，将表格中的文本左对齐。

(36)将光标置于表格中的任意位置，单击鼠标右键，在弹出的快捷菜单中选择“表格属性”表格属性(B)...命令，弹出“表格属性”表格属性对话框。

(37)在“边框”选区中的“粗细”微调框中输入“0”，设置完成后单击“确定”确定按钮。

(38)选择“文件”文件(F)→“保存”保存(S)　Ctrl+S命令，弹出如图 8－14 所示的“另存为”另存为对话框(一)。

(39)在“保存位置”下拉列表中选择上端框架网页的保存位置，在“文件名”下拉列表框中输入“Page1”，设置完成后单击“保存”保存(S)按钮，弹出如图 8-15 所示的“保存嵌入式文件”保存嵌入式文件对话框(一)。

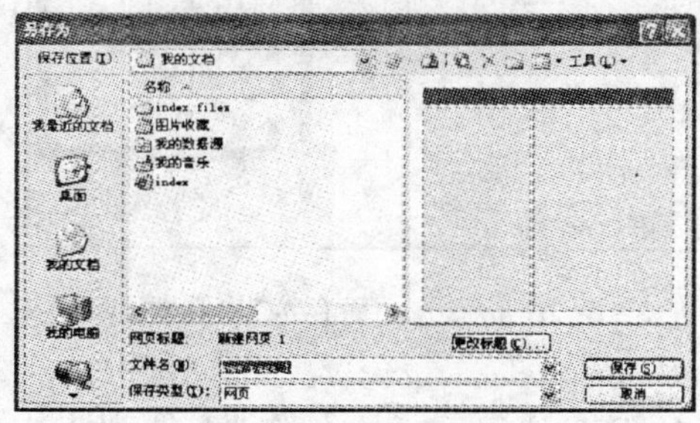

图 8-14　“另存为”对话框(一)

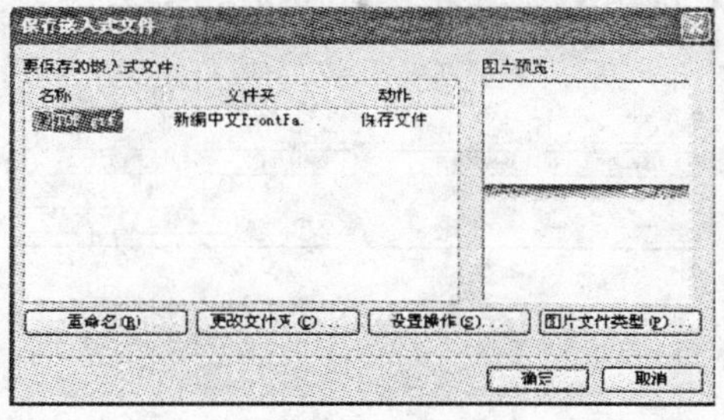

图 8-15　“保存嵌入式文件”对话框(一)

(40)在该对话框中保存上端框架网页中的图片，系统默认的路径与框架网页的路径相同，直接单击“确定”确定按钮，在保存图片的同时弹出如图 8-16 所示的“另存为”另存为对话框(二)。

(41)在“保存位置”下拉列表中选择保存上端框架网页的位置，在“文件名”下拉列表中输入“Page2”，设置完成后单击“保存”保存(S)按钮，弹出如图 8-17 所示的“保存嵌入式文件”保存嵌入式文件对话框(二)。

图 8-16　“另存为”对话框(二)

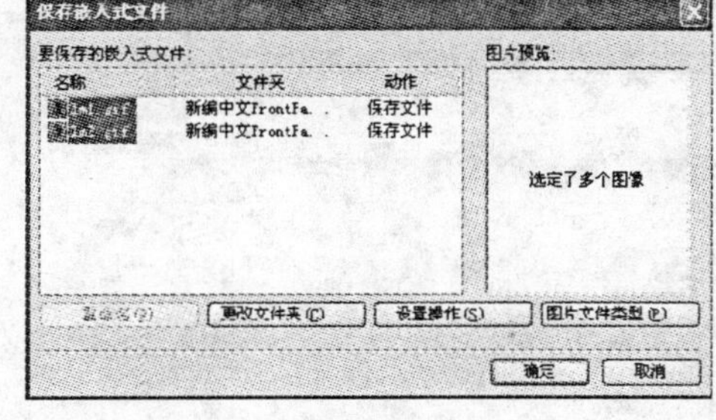

图 8-17　“保存嵌入式文件”对话框(二)

(42)单击“确定”确定按钮，在保存图片的同时弹出如图 8-18 所示的“另存为”另存为对话框(三)。

(43)在“保存位置”下拉列表中选择框架网页的保存位置，在“文件名”下拉列表中输入“Page3”，设置完成后单击“保存”保存(S)按钮，弹出如图 8-19 所示的“保存嵌入式文件”保存嵌入式文件对话框(三)。

(44)单击“确定”确定按钮，在保存图

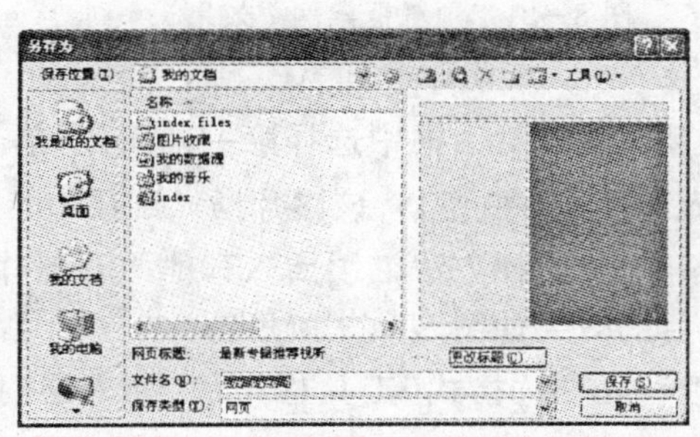

图 8-18　“另存为”对话框(三)

片的同时弹出如图 8-20 所示的“另存为”另存为对话框（四）。

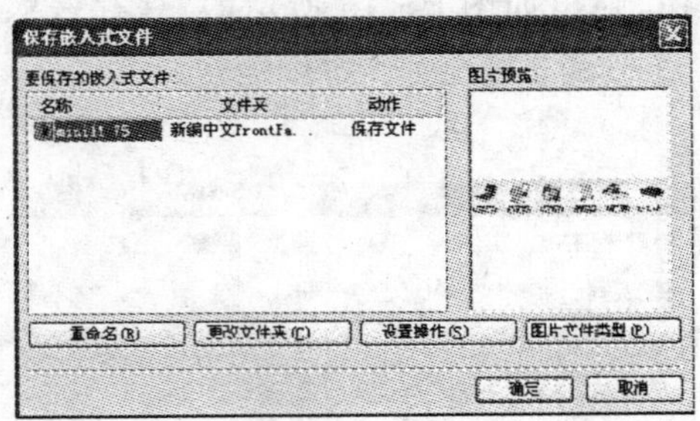

图 8-19　“保存嵌入式文件”对话框（三）

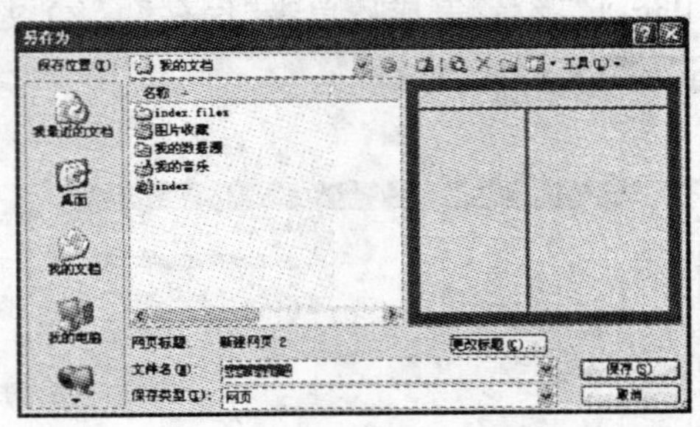

图 8-20　“另存为”对话框（四）

（45）在“保存位置”下拉列表中选择框架网页的保存位置，在“文件名”下拉列表中输入“index”，设置完成后单击“保存”保存(S)按钮。

（46）单击“格式”工具栏中的“预览”按钮，预览框架网页效果如图 8-21 所示。

（47）切换到网页的设计视图中，单击“格式”工具栏中的“新建普通网页”按钮，新建一个网页。

（48）单击“格式”工具栏中的“插入层”按钮，在该空白网页中插入一个层。

（49）选中该层，当层的四周出现 8 个控制点后，将鼠标移到层右下角的控制点上，当鼠标指针变成↘形状时，按住鼠标左键拖动，调整层的大小。

（50）单击该层，选择“插入”插入(I) →“图片”图片(P) →“来自文件”来自文件(F)命令，弹出如图 8-22 所示的“图片”图片对话框。

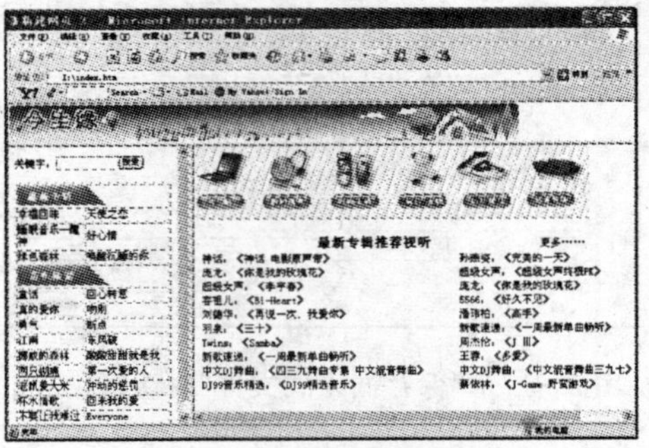

图 8-21　预览框架网页效果

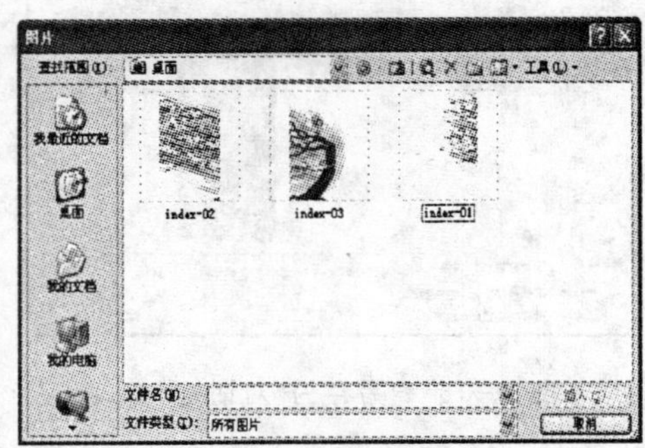

图 8-22　“图片”对话框

（51）在该对话框中选择第一幅图片，单击“插入”插入(I)按钮，将该图片插入到层中。

（52）按同样方法继续插入其他两幅图片，插入后的效果如图 8-23 所示。

（53）单击“格式”工具栏中的“插入层”按钮，在该层中再插入一个层，并调整层的大小。

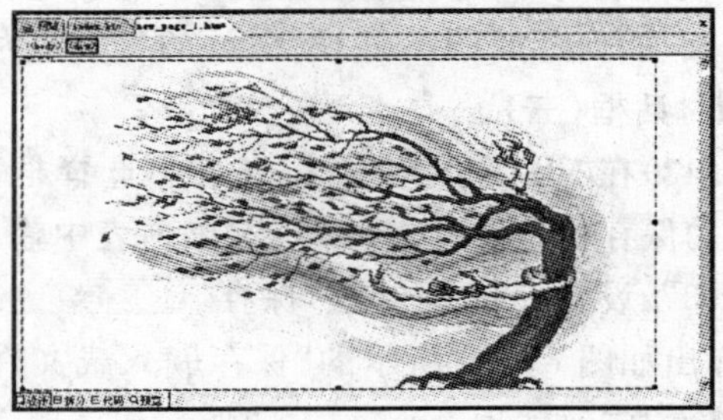

图 8-23　插入图片效果

(54)将光标置于新插入的层中，输入文本“两只蝴蝶”，输完后按回车键另起一行继续输入其他文本，输入文本后的效果如图 8 - 24 所示。

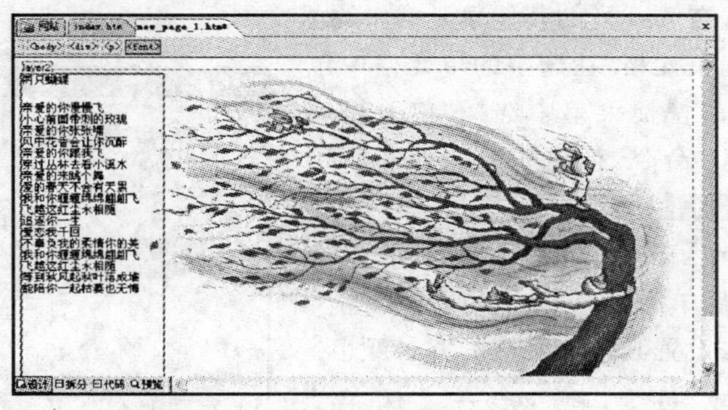

图 8 - 24　输入文本效果

(55)选择“文件”→“保存”命令，弹出“另存为”对话框，在“保存位置”下拉列表中选择网页的保存位置，在“文件名”下拉列表框中输入“lzhd”，单击“保存”按钮，弹出“保存嵌入式文件”对话框，在该对话框中单击“确定”按钮。

(56)单击“格式”工具栏中的“新建普通网页”按钮，新建一个空白网页。

(57)单击“格式”工具栏中的“插入层”按钮，在该空白网页中插入一个层，然后设置层的大小。

(58)单击该层，然后在光标所在位置输入文本“推荐区:”，输完后选中该文本，单击“格式”工具栏中的“加粗”按钮，使该文本加粗显示。

(59)将光标置于该文本后按回车键另起一行，插入一个 11 行 5 列的表格，然后在第一行的单元格中分别输入文本“选择”、“歌曲”、“歌手”、“试听”、“下载”。

(60)将光标置于第 2 行第 1 列的单元格中，选择“插入”→“表单”→“复选框”命令，插入一个复选框表单域。

(61)选中表单中的“提交”和“重置”按钮，然后按“Delete”键删除这两个按钮。

(62)按同样的方法在第一列的其他单元格中插入复选框表单域。

(63)将光标置于第 2 列和第 3 列的单元格中，分别输入文本内容，输完后选中所有的文本，然后单击“格式”工具栏中的“左对齐”按钮，设置后的效果如图 8 - 25 所示。

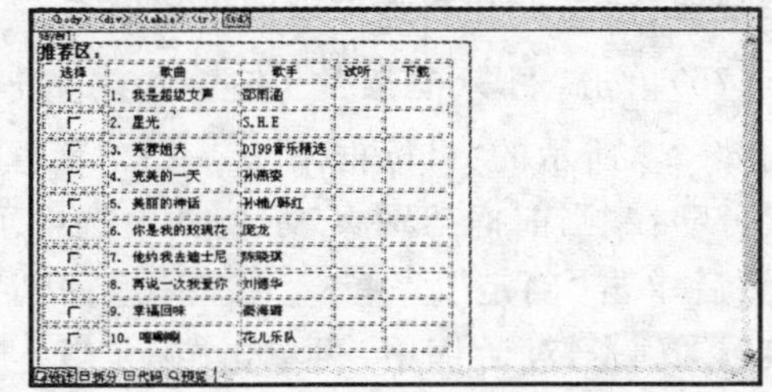

图 8 - 25　输入并设置文本效果

(64)将光标置于第 2 行第 4 列的单元格中，选择“插入”→“图片”→“来自文件”命令，弹出“图片”对话框。

(65)在该对话框中选择所需的图片，然后单击“插入”按钮，将该图片插入到单元格中。

(66)按同样方法在第 4 列的单元格中继续插入其他图片。

(67)将光标置于第 2 行第 5 列的单元格中输入文本“下载 1”和“下载 2”。

(68)按同样方法在第 5 列的其他单元格中输入文本。

(69)选中第 2 列单元格，在选中的单元格中单击鼠标右键，在弹出的快捷菜单中选择“单元格属性”单元格属性(R)...命令，弹出如图 8－26 所示的“单元格属性”单元格属性对话框。

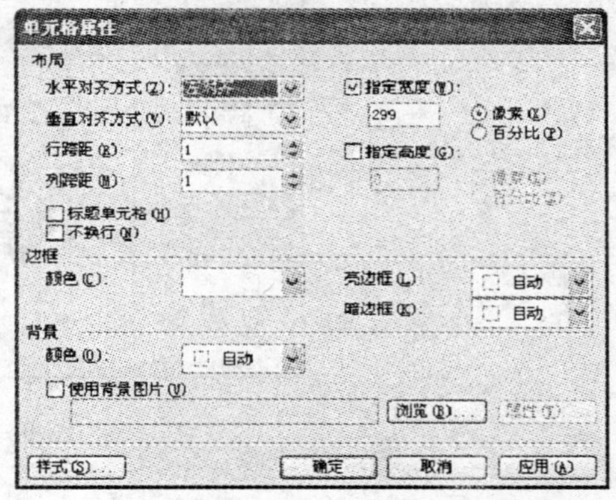

图 8－26 “单元格属性”对话框

(70)在“背景”选区中的“颜色”下拉列表中选择一种背景颜色，然后单击“确定”确定按钮。

(71)按同样方法设置其他单元格的背景颜色。

(72)选择“文件”文件(F)→“保存”保存(S) Ctrl+S命令，弹出“另存为”另存为对话框，在“保存位置”下拉列表中选择网页的保存位置，在“文件名”下拉列表框中输入“zx”，单击“保存”保存(S)按钮，弹出“保存嵌入式文件”保存嵌入式文件对话框，在该对话框中单击“确定”确定按钮，制作后的网页效果如图 8－27 所示。

(73)打开保存过的框架网页“index”，选中下端左框架中的“最新专辑”图片，然后在该图片中单击鼠标右键，在弹出的快捷菜单中选择“超链接”超链接(L)...命令，弹出如图 8－28 所示的“插入超链接”插入超链接对话框。

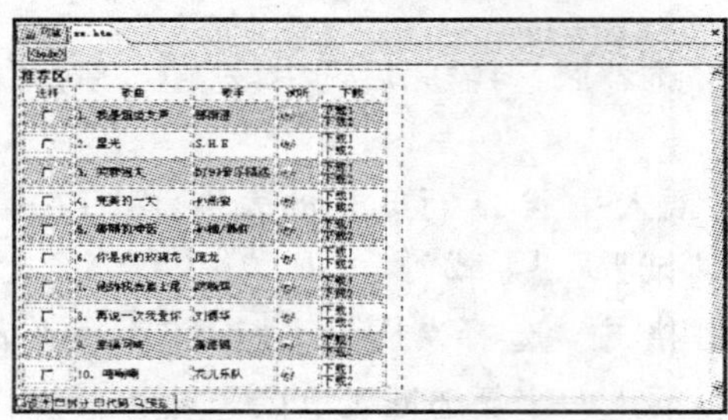

图 8－27 网页效果

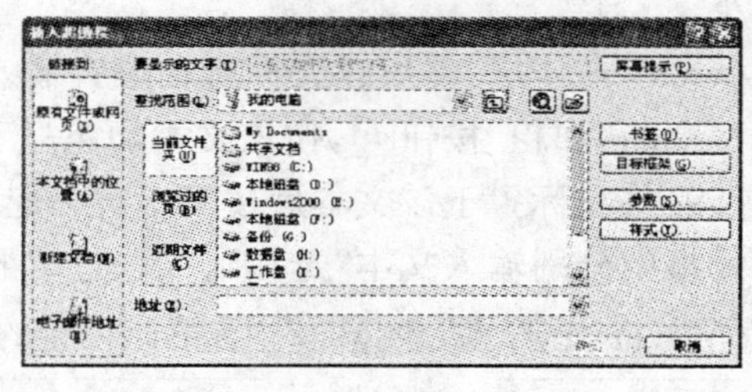

图 8－28 “插入超链接”对话框

(74)在“查找范围”下拉列表中选择“zx”网页的保存位置，然后在其列表框中选中该网页。

(75)单击“目标框架”目标框架(G)...按钮，弹出如图 8－29 所示的“目标框架”目标框架对话框。

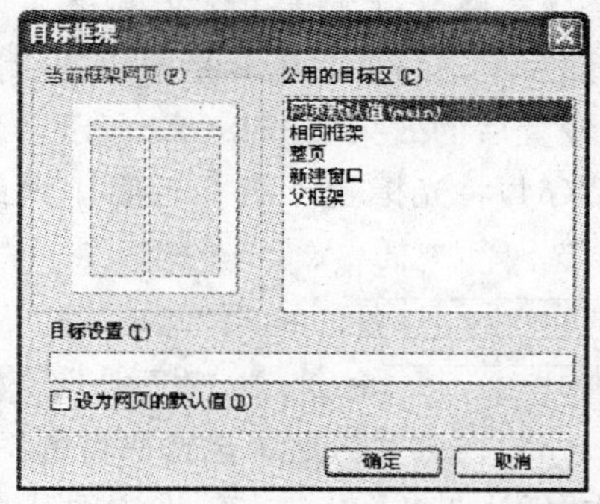

图 8－29 “目标框架”对话框

(76)在“当前框架网页”示例框中选中下端左框架，然后单击“确定”确定按钮，返回到“插入超链接”插入超链接对话框中，再单击“确定”确定按钮。

(77)在框架网页中的下端左框架中选中文本“两只蝴蝶”，然后在该文本中单击鼠标右键，在弹出的快捷菜单中选择“超链接”命令，弹出如图 8－30 所示的“插入超链接”对话框。

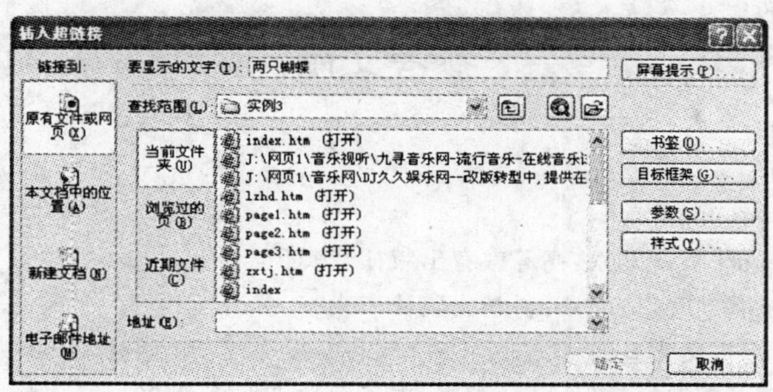

图 8－30　“插入超链接”对话框

(78)在“查找范围”下拉列表中选择“lzhd”网页的保存位置，然后在其列表框中选中该网页。

(79)单击“目标框架”按钮，弹出“目标框架”对话框(图 8－29)。

(80)在“当前框架网页”示例框中选中下端右框架，然后单击“确定”按钮，返回到“插入超链接”对话框中，再单击“确定”按钮。

(81)单击“格式”工具栏中的“保存”按钮，保存设置后的框架网页。

(82)本实例制作完成，在浏览器中先单击文本超链接，然后再单击图片超链接，最终效果如图 8－4 所示。

参考文献

冯博琴编．大学计算机基础[M]．北京：高等教育出版社，2004

管会生等编．大学计算机基础[M]．北京：科学出版社，2009

杨振山，龚培增等编．计算机文化基础(第三版)[M]．北京：高等教育出版社，2003

袁春花．新编计算机应用基础案例教程[M]．长春：吉林大学出版社，2009

赵建明．大学计算机应用基础[M]．北京：科学技术出版社，2006